声呐成像探测机理与图像解译

王业桂　朱　敏　徐　攀　等编著
范开国　王　俊　钟　建

国防工业出版社

·北京·

内 容 简 介

本书主要以作者近年来对声呐水下目标成像研究的成果为基础,从成像声呐基础概念出发,有机结合声呐成像基本原理、声图特征、声图解译、声呐成像能力和具有代表性的国内外最新研究成果,系统介绍声呐成像探测机理与图像解译等方面的知识。

本书的撰写注重理论和实际应用的结合,不仅提供了丰富的声呐成像探测机理与图像解译知识,让读者更好地理解并掌握声呐技术的最新发展趋势,也为科学、规范地开展海洋调查工作提供技术信息支撑,更便于读者系统掌握理论知识和开展实际应用。本书不仅适合声呐技术初学者,也非常适合声呐图像分析师及相关领域的专业人员阅读。

图书在版编目(CIP)数据

声呐成像探测机理与图像解译/王业桂等编著. —北京:国防工业出版社,2024.5
ISBN 978-7-118-13244-1

Ⅰ.①声… Ⅱ.①王… Ⅲ.①水下目标—成像处理 Ⅳ.①U675.7

中国国家版本馆 CIP 数据核字(2024)第 064296 号

※

国防工业出版社出版发行
(北京市海淀区紫竹院南路23号 邮政编码100048)
雅迪云印(天津)科技有限公司印刷
新华书店经售

*

开本 710×1000 1/16 印张 13¾ 字数 310 千字
2024年5月第1版第1次印刷 印数 1—1600 定价 120.00元

(本书如有印装错误,我社负责调换)

国防书店:(010)88540777 书店传真:(010)88540776
发行业务:(010)88540717 发行传真:(010)88540762

前　言

海洋覆盖地球表面71%的水域，其中蕴藏着丰富的资源可供人类使用。随着社会经济发展、人口增加和陆地资源匮乏等多重因素的影响，海洋资源的勘探、开发和利用变得越来越重要。海底地形地貌是认知海洋的基本参量，而声学探测是海洋探测的主要技术手段。声呐是目前唯一能够精确测绘大面积海底和任何水体覆盖海域的仪器，与电磁波相比，声波在水中的衰减要低得多。声呐仪器在世界各地被人们广泛使用，特别是用来探测那些从来没有测绘过的海域。其中，多波束测深系统、侧扫成像声呐系统和浅地层剖面仪等成像声呐是常用的探测海底地形地貌的仪器设备。

20世纪20年代，在回声测深技术的推动下，海底地形地貌学通过制作大量的海洋测深数据图集，揭示了大洋中脊和转换断层等巨大地貌单元。成像声呐以其高精度、高效率、高分辨率和对海底微观地貌直观成像等特点，在地质勘探、目标探测、海洋工程等方面的应用越来越广泛，进而为海洋测绘、海洋工程、物理海洋研究等提供第一手宝贵数据。

以多波束测深系统为代表的现代探测技术正在促进海底地形地貌学的发展，这些设备在航道维护与疏通、海洋工程施工、边缘海大陆架勘测和多金属结核及富钴结壳资源调查等方面发挥着极其重要的作用。随着声呐传感器技术的发展，越来越多的多功能海洋仪器设备必将涌现，从而实现节约成本和降低调查成本的目标。此外，海洋探测的方式也正在向无人自主探测和海底原位长期观测的方向发展，无人机、无人自主水下机器人（AUV）等自主航行器已经在海洋调查活动中出现，对海洋进行长期、实时探测，从而为建立起"空、天、陆、海"一体的海洋立体观测与探测技术体系，提供了关键装备与技术支撑。

近年来，中国制造海洋装备的技术水平、产品性能显著提升，自主研制的多型设备和运载平台已经大大提升了海洋监测、资源开发、灾害防治等方面的能力，并为海域划界和海洋权益维护等提供了有力支撑。但是由于海洋探测技术受多种因素影响，如仪器自噪声、海况等，导致测量数据存在假信号。因此，有必要对这些技术进行总结、分析和对比，以便了解国内的研究水平及其与国际先进水平的差距，并分析其存在的原因，为未来海底探测技术研究提供信息支撑。

在成像声呐实际应用过程中,普遍感到最难处理的是声图判读(也称声图识别、声图解译或称声图判译),特别是对刚接触成像声呐的使用人员来说,声图判读是一件非常棘手的事。本质上,声图判读是通过对成像声呐的声图像特征提取,识别海底地貌、沉船、礁石、管线等人工或自然目标。但由于声图成像影响因素多,导致目标成像不真实、不具体化等问题,因此声图判读人员除了需具备成像声呐有关知识外,还要掌握摄影、航海、定位、测深、海洋和地貌等其他知识。在实际操作过程中,只要了解声图形成、结构和特点,掌握声图判读的基本方法,经过训练和工作实践,就可以快速掌握判图的基本技巧,从而可以从大面积、复杂背景声图中,判读出正确的扫测目标。

本书主要以作者近年来对声呐水下目标成像研究的成果为基础,从成像声呐基础概念出发,有机结合成像声呐基本原理、声图特征、声图解译、声呐成像能力和具有代表性的国内外最新研究成果,系统介绍了声呐成像机理与图像解译方面等的研究成果。本书主要分为三个主要部分。第一部分为成像声呐图像获取(第1章~第3章),包含了与成像声呐使用相关的基础理论和先进技术等方面知识;第二部分为声图像特征分析与解译(第4章与第5章),主要针对不同环境的声呐图像个例进行目标特征解译,包括了存在于海底的越来越多的人造物体;第三部分为成像声呐高级解译(第6章、第7章和第8章),包括了声呐成像影响、成像能力分析和最新的研究进展,为评估这些技术被可靠使用程度提供理论指导。

本书由王业桂完成了总体框架设计和统稿,朱敏和徐攀完成了第1章~第3章的撰写,范开国完成了第4章、第5章和第8章的撰写,王俊、钟建和刘维完成了第6章和第7章的撰写,胡旭辉、江利明、徐东洋、杨嵒崧、周嵩宸等参加了本书部分章节内容的校稿。在本书撰写过程中,国防科技大学气象海洋学院、32020部队、32021部队、91001部队、中山大学、哈尔滨工程大学、中国科学院声学研究所、中国科学院精密测量科学与技术创新研究院、中国船舶集团第七一五研究所、中科探海(苏州)海洋科技有限责任公司等单位的领导和专家给予了支持与指导。本书的出版得到国家自然科学基金资助。谨此表示衷心的感谢。

本书撰写所涉及的相关商品名称、商标、制造商或其他方式提及的商业产品,不代表对其的认可。同样本书所采用的相关成像声呐图像不意味着对其相关探测设备有任何价值判断,重点放在具有代表性和容易获取的例子上,从而为读者更多地呈现成像声呐处理和解译的研究成果和基本知识。

由于作者水平有限,书中难免有不妥之处,欢迎读者指正。

作　者
2023年7月

目 录

- 第1章 声呐发展历程 1
  - 1.1 声纳还是声呐 1
  - 1.2 声呐概念 2
    - 1.2.1 主动声呐 2
    - 1.2.2 被动声呐 3
  - 1.3 成像声呐发展历程 4
    - 1.3.1 测距定位 4
    - 1.3.2 声学成像 6
    - 1.3.3 频率变化 11
    - 1.3.4 信号变化 12
  - 1.4 小结 12

- 第2章 成像声呐基础 13
  - 2.1 声学基础知识 13
    - 2.1.1 声波本质 13
    - 2.1.2 声波现象 15
  - 2.2 声呐基本概念 20
    - 2.2.1 主动声呐基本概念 20
    - 2.2.2 主动声呐设备组成 21
    - 2.2.3 换能器功率和发射声源级 24
    - 2.2.4 换能器基阵接收灵敏度 25
  - 2.3 成像声呐分类 25
    - 2.3.1 传统分类方式 25
    - 2.3.2 本书分类方式 26
  - 2.4 声图基本概念 26
    - 2.4.1 像素 26
    - 2.4.2 分辨率 27

V

2.4.3　像素与分辨率的关系 ……………………………………… 30
　　2.4.4　亮度 …………………………………………………………… 30
　　2.4.5　对比度 ………………………………………………………… 32
2.5　小结 ……………………………………………………………………… 32

第3章　声呐成像基本原理 …………………………………………… 33

3.1　常见名词词汇 ………………………………………………………… 33
3.2　侧扫成像声呐 ………………………………………………………… 37
　　3.2.1　侧扫成像基本原理 …………………………………………… 37
　　3.2.2　多波束侧扫成像原理 ………………………………………… 41
　　3.2.3　合成孔径侧扫成像原理 ……………………………………… 41
　　3.2.4　侧扫成像声呐使用流程 ……………………………………… 42
3.3　下视多波束成像声呐 ………………………………………………… 44
　　3.3.1　下视多波束成像原理 ………………………………………… 44
　　3.3.2　下视多波束成像声呐使用流程 ……………………………… 46
3.4　前视多波束成像声呐 ………………………………………………… 47
　　3.4.1　前视多波束成像原理 ………………………………………… 47
　　3.4.2　前视多波束成像声呐使用流程 ……………………………… 48
3.5　三维多波束成像声呐 ………………………………………………… 49
　　3.5.1　三维多波束成像原理 ………………………………………… 49
　　3.5.2　三维多波束成像声呐使用流程 ……………………………… 50
3.6　三维合成孔径成像声呐 ……………………………………………… 51
　　3.6.1　三维合成孔径成像原理 ……………………………………… 51
　　3.6.2　三维合成孔径成像声呐使用流程 …………………………… 52
3.7　浅地层剖面成像声呐 ………………………………………………… 55
　　3.7.1　单波束浅地层剖面成像原理 ………………………………… 55
　　3.7.2　参量阵浅地层剖面成像原理 ………………………………… 56
　　3.7.3　浅地层剖面成像声呐使用流程 ……………………………… 57
3.8　小结 ……………………………………………………………………… 58

第4章　声图特征解译和信息量测 …………………………………… 60

4.1　声图主要特征解译 …………………………………………………… 60
　　4.1.1　形状特征 ……………………………………………………… 60
　　4.1.2　尺寸特征 ……………………………………………………… 64

- 4.1.3 纹理特征 ·········· 65
- 4.1.4 阴影特征 ·········· 66
- 4.1.5 色调和颜色特征 ·········· 69
- 4.1.6 相关体特征 ·········· 69
- 4.2 声图特征信息量测 ·········· 71
- 4.3 小结 ·········· 78

第 5 章 声图结构与特征解译应用 ·········· 79

- 5.1 单波束侧扫成像声呐声图解译 ·········· 79
  - 5.1.1 声图结构解译 ·········· 79
  - 5.1.2 解译应用案例 ·········· 80
- 5.2 多波束侧扫成像声呐声图解译 ·········· 109
- 5.3 合成孔径侧扫成像声呐声图解译 ·········· 110
  - 5.3.1 声图结构解译 ·········· 110
  - 5.3.2 解译应用案例 ·········· 110
- 5.4 下视多波束成像声呐声图解译 ·········· 119
  - 5.4.1 声图结构解译 ·········· 119
  - 5.4.2 解译应用案例 ·········· 121
- 5.5 前视多波束成像声呐声图解译 ·········· 135
  - 5.5.1 声图结构解译 ·········· 135
  - 5.5.2 解译应用案例 ·········· 136
- 5.6 三维多波束成像声呐声图解译 ·········· 146
  - 5.6.1 声图结构解译 ·········· 146
  - 5.6.2 解译应用案例 ·········· 148
- 5.7 三维合成孔径成像声呐声图解译 ·········· 151
  - 5.7.1 声图结构解译 ·········· 151
  - 5.7.2 解译应用案例 ·········· 156
- 5.8 单波束浅地层剖面成像声呐声图解译 ·········· 176
  - 5.8.1 声图结构解译 ·········· 176
  - 5.8.2 解译应用案例 ·········· 177
- 5.9 参量阵浅地层剖面成像声呐声图解译 ·········· 178
  - 5.9.1 声图结构解译 ·········· 178
  - 5.9.2 解译应用案例 ·········· 179
- 5.10 小结 ·········· 180

第6章 声呐成像影响因素 ········· 181

- 6.1 声呐设备 ········· 181
- 6.2 声呐作业条件 ········· 182
  - 6.2.1 载体 ········· 182
  - 6.2.2 航速 ········· 184
  - 6.2.3 水深与入射角 ········· 185
- 6.3 水声环境 ········· 187
  - 6.3.1 声呐方程 ········· 187
  - 6.3.2 水声传播 ········· 188
  - 6.3.3 背景噪声 ········· 188
  - 6.3.4 目标强度 ········· 190
  - 6.3.5 镜像干涉 ········· 190
  - 6.3.6 折射干扰 ········· 191
- 6.4 声图成像与处理 ········· 192
  - 6.4.1 声图成像 ········· 192
  - 6.4.2 图像变形 ········· 192
  - 6.4.3 图像处理 ········· 193
  - 6.4.4 图像分析 ········· 194
- 6.5 小结 ········· 196

第7章 声呐成像能力简析 ········· 197

- 7.1 声呐成像能力简介 ········· 197
- 7.2 声呐成像典型应用 ········· 198
- 7.3 小结 ········· 200

第8章 总结与展望 ········· 201

- 8.1 总结 ········· 201
- 8.2 展望 ········· 202

参考文献 ········· 204

第 1 章
声呐发展历程

◎ 1.1 声纳还是声呐

科技术语承载着知识和信息,伴随着科技的发展而生,是进行科学研究、科技教育、知识传播、学术交流和新闻出版等活动不可或缺的重要工具,也是随着科学技术的发展和社会的进步而不断衍生和修订的。规范科技术语的使用则是准确传播知识的重要基础,科技术语规范化的工作中,不但需要重视科学概念的准确性、表达的简明性,而且还需要仔细研究和充分发挥汉语的特点。然而,由于各个国家及各行各业的发展情况不同,且不同国家的语言和文字也存在着一定的差异,某些科技术语的使用存在着一定的差异,如一词多义或者一物多名,这种情况不仅出现在不同领域之间,也出现在同一领域之间,"声纳"与"声呐"混淆使用就是一个典型的例子。

声呐是英文"sonar"的音译词,目前多数专家主张将"sonar"译名为"声呐"。主要有两个原因:第一是在将"sonar"译名为"声呐"前,早已把"acoustic susceptacne"译名为"声纳",这个"声纳"是表示声波在传播中导声能力量度的声导纳的一个分量,正像"电纳"是表示电流在电路中传输时的导电能力量度的一个分量一样,体现在声学量与电学量的相互对应关系上。因此如果把"sonar"定名为"声纳",就会造成"声纳"一词同时表示两种科学内涵或科学概念。第二是从汉语的形、声、义的角度分析。汉语的一个很重要的特点是每个汉字都同时有其形、声、义,同西方国家的文字或其他拼音文字有很大的不同,比如各种鱼类名称的汉字带有鱼字旁,各类树木名称的汉字带有木字旁,就是基于形和义的考量。根据1997年出版的《现代汉语词典》(修订本),"纳"有接受的意思,正好可以用来表达声波通过和接受电流通过的意思;而"呐"有呐喊和大声喊叫的意思,正好可以用来表达声学现象。因此,将"sonar"定名为"声呐"与汉语中的意义是相符的,正像将"acoustic susceptacne"译名为"声纳",将"susceptacne"译名为"电纳",符合汉语中的意义一样。

因此,本书用"声呐"作为"sonar"的译名,既能表现和发挥汉语中声义兼顾的特点,又能避免"声纳"一词两义的问题,可谓是一举两得。严格地说,"声呐"用于表示英文缩写的"sonar",是一类水声设备的统称;而"声纳"用于表示"acoustic susceptacne",用于表示声导纳的虚数分量,是声学领域的一个物理量,其单位是 $m^3/(Pa \cdot s)$。

◎ 1.2 声呐概念

声呐是英文缩写 sonar 的"义音两顾"的译称,其全称为:sound navigation and ranging(声音导航与测距)。声呐是利用声波在水中的传播和反射特性,通过电声转换和信息处理进行导航和测距的技术,也指利用这种技术对水下目标进行探测、定位和通信的电子设备。

目前,凡是利用水下声信息进行探测、识别、定位、导航和通信的系统,都可统称为声呐系统。因此,声呐种类样式繁多,依据工作方式、装备对象、任务使命等有多种分类方式。(路晓磊,等,2018)

依据声呐工作方式,声呐可分为被动声呐和主动声呐两类(图1-1)。

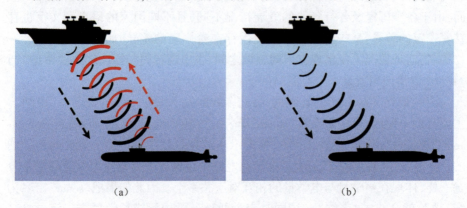

图1-1 主动声呐(a)与被动声呐(b)工作方式示意图

■ 1.2.1 主动声呐

主动声呐是一种主动发射声波的并接收反射声波的声学设备。主动声呐是由简单的回声探测仪器演变而来,主要包括换能器基阵(常为收发兼用)、发射电子系统(也称发射机,包括波形发生器、发射波束形成器)、控制中心、接收电子系统(也称接收机),以及配套辅助设备(如显示器、控制器)等(图1-2)。

其大多数采用脉冲体制,也有的采用连续波体制,对于运动目标和静态目标均可探测。

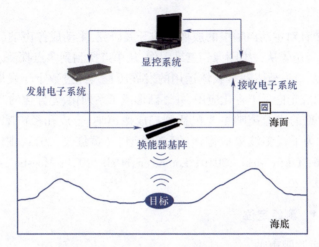

图 1-2　主动声呐工作原理示意图

1.2.2　被动声呐

被动声呐是指被动接收水中目标产生的辐射噪声和水声设备发射的信号,通过对其解算以测定目标方位和距离的声学设备。被动声呐是由简单的水听器演变而来,它通过收听目标发出的噪声或信号,判断出目标的位置和某些特性,特别适用于水下隐蔽探测场景(图 1-3)。

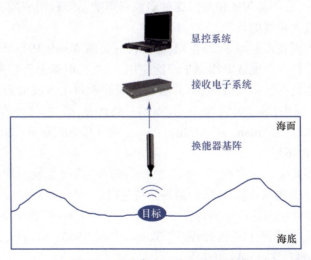

图 1-3　被动声呐工作原理示意图

1.3　成像声呐发展历程

本书主要针对主动声呐中的成像声呐开展研究,主动成像声呐(本书简称成像声呐)技术经历了从二维图像到三维图像、从单点探测到多点探测、从单频信号到多频信号、从单一载体到多载体运用的发展历程。经过数十年发展,成像声呐逐渐从理论研究走向了工程化应用,并逐渐形成了系列化、差异化的产品体系。

目前,常见的成像声呐主要包括侧扫成像声呐、合成孔径声呐和多波束测深声呐(或称为下视多波束成像声呐)等类型。(黄红飞,2011;阳凡林,2003;Brehmer,2006;Levin,et al.,2019;Lorentzen,et al.,2021;Mogstad,et al.,2020;Steiniger,et al.,2022)

■ 1.3.1　测距定位

1. 单波束测距声呐

1913年,"泰坦尼克号"事件发生后,科学家开始重视对冰山的探测定位研究,并于1914年,研制完成首个利用回声定位的测距设备,从而诞生了单波束测距声呐。

2. 多波束测距声呐

为扩大单波束测距声呐的探测范围,并提高目标搜索能力,从单波束测距声呐发展而来,在一定空间范围内同时形成多个波束的声呐。声呐的多种波束同时工作,能获取多个波道的信息。因此,可利用多波束同时观察、跟踪不同方向的多个目标,且不易失去接触。这种多波束声呐基阵利用率高,搜索速度快,能一次探测较大角度的目标。

多波束测深技术起源于20世纪50年代的美国Woods Hole研究中心,其后经过数十年的技术发展逐渐得到了广泛应用。目前,市场上已有多家声呐技术厂商能够为用户提供不同载体、不同水深范围的系列化多波束测深系统。(陈炜,等,2022;崔杰,等,2018;窦法旺,2017;聂良春,等,2005;孙健,等,2022;阳凡林,等,2021;Bouziani,et al.,2021;Fernandez Garcia,et al.,2023;Marques,2012;Turin,1976)

国外对多波束测深声呐/下视多波束成像声呐的研究较为深入,并且设备制造技术较为成熟,不同型号的产品各具特色(图1-4～图1-6)。目前,市场上比较先进的多波束测深声呐为丹麦RESON公司的T50-P型号,其声呐便携性和成像精细性能受到了一致好评。(Okino,et al.,1986;Verena,et al.,2008;Yang,et al.,1997;Zielinski,1999)

图 1-4　挪威 Kongsberg 的 EM 3002D 多波束测深声呐

图 1-5　德国 ELAC 的 SeaBeam3020 型极地深水多波束测深系统

图 1-6　丹麦 RESON SeaBat9001 浅水多波束测深仪

国内对多波束测深声呐的理论研究始于20世纪80年代中期,90年代初由哈尔滨工程大学主持研制成功了国内首套实用化多波束测深声呐系统,其后研制出适用于不同应用场景的系列化多波束测深声呐系统,并逐渐拓展声呐载体,研制出了适用于水下航行器使用的多波束声呐系统(图1-7)。(李海森,等,2010;阳凡林,等,2021;De Moustier,et al.,1993;Jiang,et al.,2020;Yang,Taxt,1997;Yao,et al.,2010)

图1-7 哈尔滨工程大学研制的HT-300S-W型浅水高分辨多波束测深系统

目前,国内多家科研单位开始进行多波束测深声呐技术及装备研究,并面向国内用户提供小批量商业化产品,可安装在水下无人平台、水下拖体和水面舰船等多种平台,具备执行海底地形测绘、航道勘测、水下目标搜索、水下考古、水下管线探测等任务的能力。

3. 三维合成孔径测深声呐

三维合成孔径成像声呐是从传统多波束测深声呐发展而来,在海底掩埋目标探查中具有较大的技术优势,可实现水下掩埋目标的埋深探查,并通过提高掩埋目标各向分辨率,提升海底掩埋目标的探查能力水平。(郎诚,等,2021)

图1-8为中科探海(苏州)海洋科技有限责任公司(简称:中科探海)研制的多频三维合成孔径成像声呐,具备探掩埋和地层的能力,可实现悬浮、沉底和掩埋目标的实时成像。应用场景包括水下环境探查、水下目标搜索、三维精细地层结构等使命任务,并且可根据应用场景的需求灵活组合,实现下视、侧视等多种工作模式,满足不同任务需求。

1.3.2 声学成像

1. 单波束侧扫成像声呐

侧扫成像声呐主要应用于海洋地貌调查,尤其在海底礁石、沉船、管道、电

图 1-8　中科探海研制的多频三维合成孔径成像声呐

缆和水下目标探测等方面得到广泛应用。世界第一台侧扫成像声呐于 1960 年英国海洋科学研究所研制,并应用于海底地质调查。20 世纪 60 年代中期,侧扫成像声呐技术得到改进,其图像分辨率和图像质量等探测性能得到提升,并开始使用距海底高度约数十米的拖曳体装载换能器阵,随后研制出适应不同用途的侧扫成像声呐,其中轻便型声呐系统总质量仅 14kg。图 1-9 为高清侧扫成像声呐(SSS0012)系统。

图 1-9　高清侧扫成像声呐(SSS0012)系统

近年来,随着声波性质从连续波(CW)脉冲信号升级为线性调频信号,加之侧扫成像声呐技术在信号发射频率、成像精度、系统集成度、芯片处理速度等方面的全方位发展,其可视化操作水平也不断提高。

国外早期典型的侧扫成像声呐如 HMRG(Hawaii Mapping Research Group)研制的 MR1 海底成像系统(图 1-10)。目前,国外在此方面的研究较为出色,比较有代表性的侧扫成像声呐系统有美国 EdgeTech 的 4200 系列。该声呐采用 Full Spectrum ® CHIRP 技术,能够获得更高分辨率的声学图像,其垂直航迹方向分辨率可达到 0.02m,沿航向分辨率 100m 量程下可达到 0.5m,同时该系统具备更强的数据处理和高精度导航定位集成能力。

国内侧扫成像声呐系统的研制始于 20 世纪 70 年代,并逐步在声呐系统数

图 1-10　HAWAII MR1 拖曳式侧扫成像声呐

据处理、探测资料分析性研究等领域积累了丰富经验。目前,国内具有代表性的侧扫成像声呐系统主要有华南理工大学的 SGP 型侧扫成像声呐、中国科学院声学研究所的 CS-1 型侧扫成像声呐,其性能指标在当时位于国际中上等水平,设计应用于海洋水下救捞、海洋地质地貌测量、海洋工程等领域;此外,中海达公司研制出的 iSide-4900 系列侧扫成像声呐系统,跟进了国外的 CHIRP 技术,拥有成熟的数据处理算法。(李阳,2015;路晓磊,等,2018;盛子旗,等,2021;魏碧辉,等,2009;Plets,et al.,2009)

2. 二维多波束成像声呐

为满足水下定点目标物观察需求,基于多波束成像原理发展了前视多波束成像声呐,利用二维多波束成像声呐可以得到远距离的水下环境成像结果。二维多波束成像声呐(图 1-11、图 1-12)可以在一定空间范围内发射大量的极窄单波束声波,同时接收来自众多方向的反射声波,最终得到二维的声学图像,每个单波束的成像结果相当于对当前空间的一个切面的成像结果,是典型的二维多波束成像声呐。(崔杰,等,2018;乔鹏飞,等,2021;王凯,等,2022;张俞鹏,等,2020;Cho,et al.,2018)

图 1-11　FLS750d 前视多波束成像声呐

图 1-12　FLS600 前视多波束成像声呐

在实际使用过程中,侧扫成像声呐需要在运动过程中才可对海底地貌和水下目标进行成像,而二维多波束成像声呐也需要如侧扫成像声呐一般将声呐换能器与所需探测目标保持一定角度。

3. 合成孔径侧扫成像声呐

合成孔径侧扫成像声呐是从传统单波束侧扫成像声呐升级而来的一种新型的二维成像声呐,它的工作原理与合成孔径雷达相似,通过拖体的运动虚拟合成大孔径基阵,从而获得分辨率较高的二维声学图像,具有沿航迹向分辨率与工作频率和距离无关的优点,其分辨率比常规侧扫成像声呐高 1~2 个量级。

合成孔径技术最早于 20 世纪 50 年代在雷达领域被提出,用以提高雷达的目标成像分辨率,其后于 20 世纪 60 年代被引入到声呐探测领域,但技术发展较为缓慢。经过数十年的技术发展,合成孔径声呐已经从原理验证阶段走向了工程化、产品化阶段,国外多家声呐设备厂商已经能够提供系列化的合成孔径声呐设备。目前国外对于合成孔径声呐技术的研究较为热门,但是由于其系统结构复杂且制造成本较高,核心技术掌握在比较有限的几家声呐供应商手中。

目前,国外应用得较为广泛的合成孔径声呐系统为 HISAS 1030 型合成孔径声呐(图 1-13),搭载在 HUGIN 系列 AUV 上进行走航测绘,能够获得分辨率较高的二维声呐图像。(Hoang,et al.,2022;Lorentzen,et al.,2021;Palomeras,et al.,2022;Steele,et al.,2019;Sun,et al.,2022)

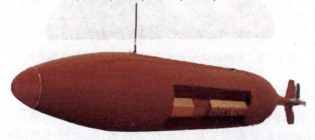

图 1-13　挪威 Kongsberg 的 HISAS 1030 型合成孔径声呐

国内的合成孔径声呐技术研究始于20世纪90年代中期,由中国科学院声学研究所牵头开展合成孔径基础理论研究。其后,杭州应用声学研究所、浙江大学、海军工程大学以及哈尔滨工程大学等多家单位也相继开展了相关技术的研究。其中,中国科学院声学研究所研制的实验系统(图1-14)已经进行过多次的海上试验,并且通过高低频结合技术对水掩埋下管线、淹没的农田及桥墩河道等进行了清晰的探测。(路晓磊,等,2018;王圣,2022;Chapple,2009;Liu,et al.,2009,2010;Sun,et al.,2022)

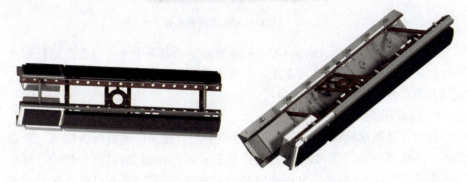

图1-14 中国科学院声学研究所研制的合成孔径侧扫成像声呐

4. 多频三维合成孔径成像声呐

多频三维合成孔径成像声呐(图1-15)利用其中高频自适应孔径侧扫声呐实现水中沉底与悬浮小目标二维成像,利用其中高精度下视多波束测深仪完成水下高精度地形扫测,通过三维合成孔径成像声呐可对掩埋在海床以下的点目标、线目标进行精准三维成像探测。该型声呐通过3种声呐同步工作"一体探测",极大提高水下目标探测的工作效率。

图1-15 中科探海研制的多频三维合成孔径成像声呐

5. 三维多波束成像声呐

三维多波束成像声呐从传统下视多波束声呐升级而来,该型声呐既可以定点全景扫测,也可以配合姿态定位系统移动观测,无须后处理即可实时监控水下作业和观察移动物体。实时测量时,利用配套软件中的工具即可测量任何目标物的尺寸、角度等信息,无须经历复杂的数据后处理,可实时现场决策。设备没有盲区,对于复杂的水下结构或桥墩,一次航行即可获取所有信息。

目前,挪威 Codeoctopus 的 Echoscope 三维多波束成像声呐(图 1-16)可以发射 50°×50° 四棱锥体的三维立体脉冲,对于标准版的 Echoscope,每 ping 可得到超过 16000 个水深探测点,通过图像显示软件实时获取完整的三维图像显示,并且拥有 20 次/s 的数据更新率,确保对移动物体的实时观测。

图 1-16　Echoscope 三维多波束成像声呐

1.3.3　频率变化

1. 单频

首款主动声呐即为单频声呐设备,此后发展出各类出色的单频主动探测设备,并且根据设备采用的中心频率可以分为高频与低频两大类。高频设备作用距离近,但分辨率高,适用于水质较为清澈、水中杂质较少的环境中。低频设备的作用距离远,但分辨率较低,可在水质较差时选择使用。

2. 多频

为提升声呐设备的适用范围,各型声呐也在单频基础上做出了升级,从而诞生了双频、三频、四频等多频段设备。

3. 宽频带

随着脉冲压缩技术的发展,声波频带也朝着宽频带发展,从而在有抗干扰度的情况下其声呐有更好的量程表现。

1.3.4 信号变化

1. 连续波(CW)脉冲

单频矩形脉冲信号,早期声呐信号多采用 CW 脉冲,一般可以理解为在浅水时效果略优于线性调频(LFM)信号。

2. 线性调频

线性调频信号,随着声呐作用距离的提升,抗干扰能力需求也随之增大,LFM 信号也随之发展,对信号的滤波相较于 CW 脉冲来说更加简单,可以在有抗干扰度要求的情况下其声呐有更好的量程表现。

1.4 小 结

声呐是一种利用声波进行探测和定位的技术,它的发展历程可以追溯到 15 世纪,当时荷兰画家利昂·巴蒂斯塔·阿尔伯蒂首次描述了声波反射现象。在随后的几个世纪里,科学家们逐步深入研究声波的特性,并将其应用于海洋勘探、军事侦察、航海导航等领域。

1914 年,德国人希尔克尔发明了第一个主动声呐,即向水中发射声波并以接收回波来探测目标的装置。20 世纪 60 年代,美国海军开发出了第一代激光声呐(LIDAR),通过激光发射器产生强烈的声波来探测目标,使得声呐技术取得了新的突破。20 世纪 80 年代初期,计算机技术和数字信号处理技术的发展使得声呐系统越发高效和精准。

在 21 世纪初期,声呐技术得到了新的发展。传感器、精密导航和地图系统的提高使得声呐数据的处理更加准确、实时和频繁。同时,声波成像技术也在不断改进,如多波束声呐、三维声呐、多频三维合成孔径声呐系统等,并在深海勘探和水下机器人领域得到广泛应用。

未来,随着科技的不断进步,成像声呐技术将会不断创新,在更多领域得到创新应用,并将会发挥着越来越重要的作用。

第 2 章
成像声呐基础

成像声呐是将物体反射声波的强度(或振幅)与相位数字化处理,以图像形式显现物体目标特性的一类声呐总称。在成像声呐所形成的影像中,不同颜色的点或像素表征了相应目标点的回波强度,每个点或像素的位置反映了每个回波的回波时间(相位)。因此,成像声呐所形成的影像是一种回波强度的图像化显现,本质上反映了探测区域对声波的反射特性,与光学所形成的视觉影像相比,所形成的是一种"伪图像"。

成像声呐所形成的影像可帮助操作者更加直观认知海底地形地貌、海底反射特性、探测目标尺寸、探测目标形状等特征信息。

近年来,随着计算机技术,特别是人工智能技术发展,成像声呐图像判读自动化程度逐步提高,上述特征信息的解译逐渐由人工判读为主,向以计算机辅助判读、智能判读方向发展,这也推动了成像声呐在各个领域发挥越来越大的作用。

2.1 声学基础知识

2.1.1 声波本质

声波是声音的传播形式,发出声音的物体称为声源。声波是一种机械波,由声源振动产生,声波传播的空间就称为声场。

声波也可以理解为介质偏离平衡态的小扰动的传播。这个传播过程只是能量的传递过程,而不发生质量的传递。如果扰动量比较小,则声波的传递满足经典的波动方程,是线性波。如果扰动很大,则不满足线性的声波方程,就会出现波的色散,或者激波的产生。

声波的传递需要介质,除了空气,水、金属、木头等弹性介质也都能够传递声波,它们都是声波的良好介质。在真空状态中因为没有任何弹性介质,所以声波就不能传播。

1. 频率

声音频率是指发声物体(声源)每秒振动的次数,单位是赫兹(Hz)。例如频率为512Hz的音叉敲响后,每秒振动的次数就是512次。

频率低于20Hz的声波称为次声波或超低声;频率为20Hz~20kHz的声波称为可闻声(人耳可听范围);频率为20kHz~1GHz的声波称为超声波;频率大于1GHz的声波称为特超声或微波超声。

频率在物理意义上与声呐换能器的尺寸相关,通常来说频率越低换能器尺寸越大,频率越高换能器尺寸越小。

2. 波长

声波的波长是波速与声波频率的比值,水中波速即为声速,波长(λ)也就是声速(c)与频率(f)的比值。声波波长越长,它的衍射能力越强,因此传得也就越远。波长是两相邻波峰或波谷之间的距离,若存在能量相同的两种波,波长越长,则相邻波峰或波谷之间的距离越长,也就是说此波的周期越长。同时,频率和周期是成反比的,所以周期越长的波频率低,反之亦然。

$$\lambda = c/f$$

3. 声速

声速是声波在介质中传播的速度,体现了声波在某一介质中单位时间内传播的距离,单位为m/s。大多数水声学设备中所假设的声速为1500m/s(是空气中传播速度的4倍多),该数值与大多数情况下的实际声速相差几个百分点。

从声波的本质可知,当介质的密度越高、温度越高、环境压强越大,声波的传播速度也就越快。引起声速变化的主要参数有温度、盐度和压力。通常情况下,深度变化165m相当于水温变化1℃;水温变化1℃,声速变化约4m/s;盐度变化0.1%,声速变化约1.3m/s。

由于声呐换能器总在水下某个固定深度作业,因此它所经受的压力变化可以忽略不计。声速对盐度变化较为敏感,但除了河口、海底淡水泉源或融化冰川处等特殊区域外,大多数作业海域的海水盐度是相当稳定的,故它的影响也相对很小。在海洋中,通常深海的水温变化很小,但由于太阳照射作用,水温剖面在近海表处或浅海区可能存在明显的变化。由于较热的海表水比它下方的密度较大的冷水团轻,故它仍停留在上方且继续加热,在未有强风、强流等混合作用情况下,将形成一个温跃层。温跃层特点是水温迅速变化,这将引起声速的快速改变,因此,温度对探测声呐来说是最重要的参数。(吴自银,2017;Blondel,et al.,1997)

声呐的某些特性(如声波折射)与介质中声速的变化密切相关。大多数情况下声速层呈水平层,它伸展的范围很大。声速剖面可用多种仪器测出,既可直接测量声速,也可测量用来确定声速的其他参数。

2.1.2 声波现象

1. 反射

当发射换能器发出的脉冲抵达介质中的障碍物时,例如海面、海底、岩石、鱼或人造设施等,部分声波从障碍物界面上反射回来。除了下面将要介绍的吸收和扩散之外,还有若干种因素决定有多少入射声波将被反射返回声呐。

第一个因素是声波相对障碍物反射面的入射角度。在决定反射能量究竟传至侧扫成像声呐还是背离侧扫成像声呐时,目标反射面相对于入射声波的方向起着重要的作用。如果反射面直接朝向声呐,声波入射角较小,则将接收到较强的回声,而光滑的表面在某种程度上类似一面镜子,声波入射角较大,它将大部分能量朝背离声呐的方向反射掉,导致接收到的反射声波能量变弱。

第二个确定反射能量大小的因素是声波所碰到的目标物质类型。部分入射被反射回来,另一部分将传入新的介质,其具体数量将取决于物质的声特性。下式给出了法向入射时的反射系数计算公式,即反射声强与入射声强之比。

$$R = \frac{I_r}{I_i} = \left(\frac{\rho_r c_r - \rho_i c_i}{\rho_r c_r + \rho_i c_i}\right)^2$$

式中:R 为反射系数;ρ 为密度;I_r 为反射强度;I_i 为入射强度;c 为声速;ρc 为声阻抗。

表 2-1 为几种常见物质的声阻抗。

表 2-1 几种常见物质的声阻抗

物质名称	声阻抗/(Pa·a/m)
空气	0.0004
海水	1.44
铝	17.0
铝氧化物	32.0
铍	23.0
碳化硼	26.4
黄铜	36.7
镉	24.0
铜	41.6
玻璃	18.9

表 2-1 给出了几种物质的声阻抗,此外,表中还能得出声波从海水进入某种物质时该物质的反射系数,其变化范围很大,回波数量是物质类型的函数,空气-水界面将是我们平常所遇到的最强的反射体。

2. 后向散射

声呐接收的声波并非全部来自回声。如果海底较平坦,在部分声波传至海底后将朝远离声呐的方向反射出去;如果海底像镜子一样平滑,那么将没有任何声波反射回声呐,这时声呐恐怕就不会有多大的用处了。好在不管海底看起来有多么平坦,我们确实从海底的回波中接收到我们发出去的部分声波,因为海底总是由具有一定粒径物质组成的,例如:砂、粉砂、黏土和砾,粗糙的海底将抵达海底的声波向不同方向反射出去(图 2-1),但百分之几的声波将返抵声呐,并被声呐检测和记录。

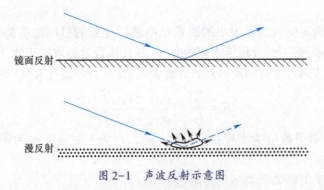

图 2-1　声波反射示意图

返回声呐的声信号强度是海底粗糙度和入射角的函数,海底越粗糙,反向散射强度越大;入射角越小,反向散射越弱。此外,反向散射随入射角的减小而减小,而入射角随距声呐距离的增大而减小,这也是引起声呐回波强度随距离增大而降低的另一个原因。

粗糙度只相对于入射的声波频率而论,是海底起伏相对于声波波长的相关参数,平坦海底的起伏将取决于海底组成物质的粒径,由于砂比粉砂粗,粉砂比黏土粗,这种比较在记录图像上表现为相对黑白度的不同,根据声呐频率的不同,两种类型的海底的记录图谱的对比度可能差别很大。

对于不同类型的海底,反向散射强度总是与距离成反比,但衰减的速率不同。到了一定的距离之后,反向散射强度低于背景噪声,这时,我们在声呐图像上观察到的已不是真实的海底回波。而那些高出海底的目标仍可检测得出来,但由于无法显示出背景电平,因而也不会出现阴影。反向散射回波能被接收和显示的最远距离称为反向散射极限,超出该极限之后,显示图像或者是空白的,或者是"平坦"的(即没有什么结构型式),在这一区域内的目标没有阴影。

3. 折射

折射是声波在通过具有不同传播速度水层介质的传播过程中,发生空间传播方向改变现象,即出现声线弯曲。Snell 定律阐明了折射过程,即声波入射到不同介质的界面上会发生折射。其中入射声波和折射声波位于同一个平面上,并且与界面法线的夹角满足如下关系:

$$\frac{\sin\theta_1}{C_1} = \frac{\sin\theta_2}{C_2}$$

图 2-2 是 Snell 定律的示意图,入射波与竖直方向夹角为 θ_1,出射波与竖直方向夹角为 θ_2,上下两种介质的声波折射率为 n_1 和 n_2,折射率的倒数为 C_1 和 C_2。

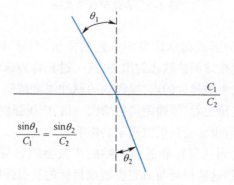

图 2-2 Snell 定律示意图

以侧扫成像声呐来举例,水柱在某种程度上起棱镜的作用,它把声呐发出的一部分没有到达海底也没有接触到海床上物体的声波聚焦在海底的某个范围里。由于抵达海底某个部位的声波比较集中,在记录的某个部位会呈现出一条黑色的带状记录。当声速在短距离内发生明显的变化时,则有可能是出现了折射现象。

例如,受到潮汐的影响,河口地区一般是淡水层下面存在着咸水层;在河流入海处,声速变化呈垂直分布,而非水平分布;其他如在融化的冰山附近,声速变化也并不均匀。值得一提的是,此现象在温跃层附近才有可能对图像产生影响,通常情况下,可将拖鱼侧扫成像声呐放入深度增大或将船只降速即可使声波穿越温跃层恢复图像正常显示效果。

4. 扩散

扩散是发射脉冲离开换能器表面之后向周围介质各个方向传播的现象。声波在均匀介质中的传播具有球面扩散特性(图 2-3)。如果一个声源在自由空间放置,则其发出的声波会在各个方向以相同的速率进行扩散,形成一个以声源为圆心、以声波速度为半径的球面,称之为"扩散球面"。本节我们仅关心声波在介质中的扩散现象。

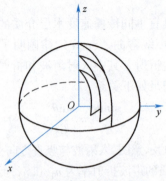

图 2-3 声波扩散示意图

声呐以声脉冲的形式向水体发出一定的能量,当脉冲从换能器上发出以后,声波能量向四周按球面扩散辐射出去,这一过程称为球面扩散。显然,在球面扩散过程中,距离声呐越远的点,接收到的脉冲强度越低,强度下降程度与距离的平方成正比,定量上看,传播距离每增大一倍,声压强度下降6dB。同理,声呐所接收的返回能量也会受到扩散现象的影响。

需要注意的是,到达目标和返抵声呐的声波会随着与声呐相对距离的增大,而相应减弱,虽然这项损耗与海底类型或目标的反射强度并没有太大关联,但在处理接收信号时却必须予以考虑。

5. 吸收

当声呐脉冲在水中传播时,部分能量被介质吸收,因而也就不可能加以利用。图 2-4 展示出大频率范围内淡水和海水的吸收系数(用 dB/m 表示)。吸

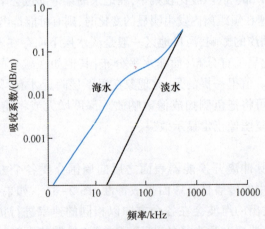

图 2-4 吸收系数与频率的关系图

收是因摩擦效应和分子张弛现象所起的,它显然是与频率密切相关的函数。应注意,在声呐频率范围内,在海水中的吸收比在淡水中大得多,因为海水的组成成分比淡水多。在 10kHz~2MHz 频段内吸收系数的增大是因有硫酸镁($MgSO_4$)所致,10kHz 以下系数的增大是由硼酸引起的,而在 2MHz 以上的频率段,海水和淡水中的吸收系数相等。

应着重指出的是,与扩散的结果相似,吸收的结果使得到达任一点、并从这点返回的声能量随该点与声源之距离增大而减小,此外吸收既影响发出的声能,也影响返回的声能。

表 2-2 列举出常规侧扫成像声呐频率范围内的吸收系数。

表 2-2　常规侧扫成像声呐频率范围内的吸收系数

序号	频率/kHz	吸收系数/(dB/m)
1	500	0.14
2	100	0.04
3	50	0.014

图 2-5 显示出各种不同频率的声呐因吸收而引起的双程(声波往返双程)损耗在 150m 量程上与距离的关系。

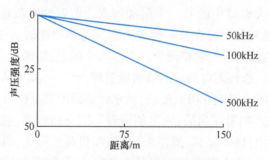

图 2-5　声压强度与距离的关系图

为了更好地定量了解各种现象所产生的影响,图 2-6 表示出 100kHz 频率时扩散和吸收所引起的损耗。扩散在不同频率下声压强度和距离曲线均相同,且在较低频率和短距离内对声损失起决定性作用。

海水中声音的吸收是声音从声源到接收器的总传输损耗的一部分。这取决于海水属性,例如温度、盐度、酸度和声音的频率。根据材料和频率的不同,声波在介质中传播时会有一定的吸收损失。一种经验公式是弗拉夫(Fridman)公式:

$$\alpha(f) = \alpha_0 (f/f_0)^n$$

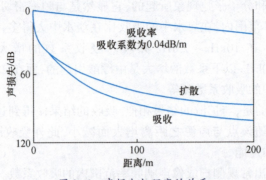

图 2-6　声损失与距离的关系

式中：$\alpha(f)$ 为在频率 f 下的吸收系数；α_0 为参考吸收系数；f_0 为参考频率；n 为吸收指数。需要注意的是，这只是一种近似公式，不能适用于所有情况。在实际应用中，需要结合具体材料和频率等因素来选择合适的吸收模型。

6. 混响

当声波在传播中遇到障碍物时，部分声波偏离原始传播路径，从障碍物四周散播开来的现象叫作散射。

声波散射主要产生两种效应：①它减小到达海底的声能量，这也是促使信号强度随距离增大而减小的另一个附加因素。散射和吸收综合起来称为"衰减"。②每次扫描期间总存在着一种较为固定的低声能级传至声呐，其中大部分是所不希望得到的能量，它将产生一个基本声能级，所需的信号必须比它强，才能够被检测到。这种固定的后向散射能量称为混响，其中从水面和海底返回的部分分别称为海面混响和海底混响，从水体返回的部分称为体积混响。

当声脉冲从声呐里发出后，它可能沿着不同方向传播，它可能碰到不平的水表面、气泡、水中目标（如鱼、悬浮沉积物）和粗糙的海底，每种情况都可能使声波改变传播方向，其中海面和体积混响是所不希望得到的能量，海底混响也称为海底反向散射，可用于区分不同的海底沉积物类型。

2.2　声呐基本概念

2.2.1　主动声呐基本概念

主动声呐是指声呐主动发射声波"照射"目标，而后接收水中目标反射的回波信号，通过对其解算以测定目标的方位和距离的声学设备。

需要指出的是，主动声呐并不能直接量测出与探测目标间的相对距离，而是通过测量声波在水中的传播时间,也就是所发射的声呐脉冲从离开换能器阵到返回换能器的时间间隔。由于声波在水中的传播速度是已知的,则根据该时间间隔,就可以计算得到声呐与目标间的相对距离。因此,主动声呐的精度主要取决于系统测量时间间隔的准确度,此外主动声呐还可以依据反射声波信号的强度、频谱等信息特征,对物体类别进行判断。

简言之,主动声呐可由回波信号与发射信号间的时延推知目标的距离,由回波波前法线方向推知目标方向,由回波信号与发射信号之间的频移推知目标的径向速度,由回波的幅度、相位及变化规律推知目标的外形、大小、性质和运动状态。

2.2.2 主动声呐设备组成

主动声呐装置一般由换能器基阵、电子系统组成,配合显控单元、姿态传感器、导航设备等辅助设备实现水声成像、测量等功能。

1. 换能器基阵

换能器是任何声呐系统的核心部件,它是将一种能量转变成另外一种能量的装置。换能器基阵是由水声换能器以一定几何图形排列组合而成的基阵单元,按照一定的几何形状和分布规律排列的阵列,其外形通常为球形、柱形、圆环形、平板形或线列形,又可以分为接收基阵、发射基阵或将二者合置组成收发合一基阵,它能提高辐射功率和空间增益,改善指向性,提高定向精度等。

大多数声呐的换能器是压电陶瓷的,这种物质具有这样一种物理特性,当一个电压加到它上时将引起它的物理形态发生改变,它将由发射机所产生的振荡电场转换成机械形变,这种形变传送到水中,在水中产生振荡的压力即声脉冲。声波在水中,按照水的物理性质所确定的方式传播,直到它碰到一些物体,例如海底或在水中的目标,一部分声波离去,一部分被反射返回到换能器基阵。

1) 接收换能器基阵

接收换能器基阵又称"水听器",是指将水中声信号转换成电信号的换能器,它一般应具有较高的灵敏度,大多数都工作在共振频率以下一个相当宽的频带内,因此在其工作频段内要求具有平坦的灵敏度频率响应。图2-7为低频接收换能器基阵示意图。

2) 发射换能器基阵

发射换能器基阵(图2-8、图2-9)是用于水中发射声波的换能器基阵,它需能承受足够的功率,具有较高的电声转换效率和机械强度,它通常工作在谐振频率附近的一个适当宽的频率范围内。其主要性能参数有工作频率、带宽、发射功率、电声效率谐振频率段的阻抗和指向性等。

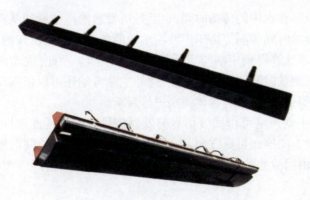

图 2-7 低频接收换能器基阵示意图

图 2-8 低频发射换能器基阵示意图

图 2-9 高频下视多波束成像声呐发射换能器基阵示意图

2. 电子系统

电子系统(图 2-10)由控制中心、接收电子系统(也称接收机)和发射电子系统(也称发射机)组成,控制中心控制发射机与接收机按照特定的时序工作。

图 2-10　侧扫成像声呐的电子系统示意图
(a)水密耐压模式;(b)防溅水电磁屏蔽模式;(c)微小型电磁屏蔽模式。

1) 控制中心

控制中心由处理器、高精度时钟电路、状态监测电路、通信电路等组成,负责接收机与发射机控制、数据采集、数据处理、数据传输状态监测与反馈等功能,是电子系统的大脑。

2) 接收电子系统

接收电子系统由保护电路、低噪声放大电路、程控放大电路、滤波电路和模数转换电路等组成。通过控制中心控制,完成接收换能器基阵输出的电信号的放大、滤波及模数转换,以便控制中心处理。其中,保护电路主要是避免接收换能器基阵输出高电压损坏接收电路;低噪声放大电路主要是控制接收系统噪声,降低后级电路噪声对系统噪声的影响;程控放大电路主要是程控时变增益,按声波的传播与扩散损失对信号强度进行补偿;滤波电路主要是降低有效频带外信号对系统信噪比的影响;模数转换电路主要是将模拟信号转为数字信号方便数据处理与传输。

3) 发射电子系统

发射电子系统由功放电路、匹配电路、储能电路等组成。通过控制中心控制,周期性输出特定频率及形式的电压驱动发射换能器基阵发声。如果是相控发射机,会有多个发射通道,通过相控形成发射波束。其中,功放电路主要是输出特定电压与频率的信号;匹配电路主要是负责换能器与功放电路的阻抗匹配,提高发射机工作效率;储能电路主要是存储单周期发射所需的电能,降低系统工作的瞬时电流。

3. 主动声呐的工作过程

主动声呐的工作过程简要来说是通过发射换能器基阵发射高频信号,经过水中传播达到目标后被目标反射返回,然后由接收换能器基阵接收目标反射回来的信号,并将其转化为电信号进行处理。

在主动声呐系统中,发射换能器基阵是用来产生并辐射出一束声波的装置,它通常由多个发射元件构成。发射元件具有可调的振幅和相位,通过控制每个发射单元的振幅和相位可以实现声波束的形成、方向和强度的调节等功能。通过改变发射换能器基阵的工作方式,可以实现多种声场形式,例如锥形波束、扇形波束和全向波束等。

接收换能器基阵则是将接收到的声波信号转换成电信号,通过信号处理和分析提取目标信息,它通常也由多个接收元件组成,这些接收元件一般都是采用压电材料制成的圆盘形结构,它们接收到声波信号时会产生电荷,产生的电信号表示了声波信号的强度和相位,通过对各个接收元件所接收到的信号进行相应的加权、数字化和处理,可以获得一些目标信息,如目标距离、方位、速度等。

因此,主动声呐系统实现了声波能量的转换与传输,通过对声波的发射和接收完成声场分析,从而获取水下目标的信息。

2.2.3 换能器功率和发射声源级

换能器功率和发射声源级是声呐系统中两个非常重要的参数,它们之间存在着密切的关系。

换能器功率通常指的是声呐探头中的发射换能器所能输出的电能或声能大小,使用单位为瓦特(Watt)。换能器功率的大小与声呐设备的探测距离、信噪比、灵敏度等性能指标有关。

而发射声源级则是指声呐发射器在水下环境中实际产生的声音压力级大小,通常使用单位为分贝(dB)。声源级的大小决定了声呐系统可达到的最大探测距离以及对目标的探测精度。

换能器功率 P 和发射声源级 SL 之间的关系可以通过以下公式计算得到:

$$SL = 10 \times \lg(P / P_0) + DI$$

式中:P_0 为参考功率,通常取值为 $1\mu W$;DI 为发射器到接收器的距离损失因子。

该公式表明,发射声源级随着换能器功率的增加而增加,但同时也会受到距离损失因素的影响而减小。因此在设计声呐系统时需要根据实际需求选择合适的发射功率和接收距离,以达到最佳的声呐性能。

2.2.4 换能器基阵接收灵敏度

换能器基阵接收灵敏度(也称为开路电压灵敏度)是指声呐接收换能器基阵在输入信号为 $1\mu Pa$ 时所产生的输出电压大小,通常使用单位为 $V/\mu Pa$。这个参数描述了接收换能器基阵的灵敏程度和输出能力,影响着声呐系统的信噪比和探测距离等性能指标。

换能器接收灵敏度与其特定的物理结构和材料有关,根据不同的设计和工艺选择,其数值可能会有差异。一般而言,接收灵敏度越高的换能器,可以捕获到更微弱的回波信号,从而提高声呐系统的探测距离和分辨率。

需要注意的是,换能器接收灵敏度只描述了接收器的输出电压大小,而无法说明整个声呐系统的实际探测性能。在实际应用中,还需要综合考虑发射功率、声源级、环境噪声等多个因素来评估声呐系统的总体性能。

2.3 成像声呐分类

2.3.1 传统分类方式

依据成像声呐安装方式分类,有以下几种常见安装方式:一是前视安装,安装时将换能器发射与接收阵面朝向载体行驶方向安装,或朝向所需探测目标安装的方式,该类声呐通常称为前视声呐;二是下视安装,安装时将换能器发射与接收阵面朝向水底与水底面平行安装的方式,该类声呐通常称为下视声呐;三是侧向安装,安装时将换能器发射与接收阵面斜向水底与水底面成一定偏角安装的方式,该类声呐通常称为旁扫声呐或侧视声呐。

依据声学原理分类,有以下几种常见声学原理:一是单波束,一般指由单个声源进行探测工作,该类声呐通常称为单波束声呐;二是多波束,一般指由多个波束同时进行探测工作,该类声呐通常称为多波束声呐;三是合成孔径,一般指由单个或多个声源,通过匀速直线运动的声基阵,形成大的虚拟(合成)孔径进行探测工作,该类声呐通常称为合成孔径声呐。

依据声呐输出的数据类型分类,有以下几种常见数据类型:一是一维数据,为线数据,基本参数是点数据,由点数据通过运动形成线数据,该类声呐通常称为一维声呐;二是二维数据,一般指面数据,基本参数是线数据,由线数据通过运动形成面数据,该类声呐通常称为二维声呐;三是三维数据,一般指体数据,基本参数是面数据,由面数据通过运动形成体数据,该类声呐通常称为三维声呐。

此外,依据声呐所具有的成像功能、避障功能、通信功能、测深功能、测距功能、搜索功能、掩埋探测功能、地层剖面功能等,也可以称为成像声呐、避障声呐、通信声呐、测深声呐、测距声呐、搜索声呐、掩埋探测声呐、地层剖面声呐等。

声呐的分类角度多,常见的声呐会将各分类合并描述,从而会有一些常见的声呐名称,如侧扫(旁扫)成像声呐、下视多波束测深声呐(下视多波束成像声呐)、前视多波束成像声呐、合成孔径侧扫成像声呐等。因此,通过声呐名称,基本上可以从上文分类方式中找到对应声呐的安装方式、声学原理、数据类型、声呐功能。

■ 2.3.2 本书分类方式

按照行业管理方式,本书将常见的成像声呐分为如下几类声呐进行介绍:一是侧扫成像声呐,主要包括单波束侧扫成像声呐、多波束侧扫成像声呐、合成孔径侧扫成像声呐等;二是多波束成像声呐,主要包含下视多波束成像声呐、前视多波束成像声呐等;三是三维合成孔径成像声呐,主要包含三维合成孔径成像声呐、三维多波束成像声呐等;四是浅地层剖面成像声呐,主要包含单波束浅地层剖面成像声呐、参量阵浅地层剖面成像声呐等。

◎ 2.4 声图基本概念

■ 2.4.1 像素

像素概念广泛存在于图像中,是组成图像的最基本单元。简单地说,通常所说的像素,是相机上光电感应元件的数量,一个感光元件经过感光、光电信号转换等步骤以后,在输出的照片上就形成一个点,如果把影像放大数倍,会发现这些连续色调其实是由许多色彩相近的小方点所组成,这些小方点就是构成影像的最小单位"像素"。

光学图像的像素中可以记录颜色信息(因为图像就是由不同颜色组成的),如果用 RGB 颜色空间来表示颜色,那么一个像素又要分成红、绿、蓝 3 个子像素(或者叫 3 个分量)。如果用 YUV 这种颜色空间来表示颜色,又可以分成 Y(亮度)和 U(蓝色)、V(红色)两个色度分量。无论是 RGB 还是 YUV,均为光学图像的编码方式,根据不同应用场景,进行选择。

声图像素也是指图像的点数,但不同于光学图像的像素中记录颜色信息,声学图像的像素中记录的是灰度信息,其物理意义是物体反射声波的强与弱。

声呐1帧的数据可以表示为连续的1列马赛克图像,将不同的ping信号拼接起来就可以像拼图一样得到连续的像素图像。对于图像的每个像素,由距离向坐标、航迹向坐标(航向坐标和迹向坐标,共同组成航迹向坐标,也称为像素的位置)和强度值(也称为像素值)三个量就可以确定该像素,如图2-11所示。

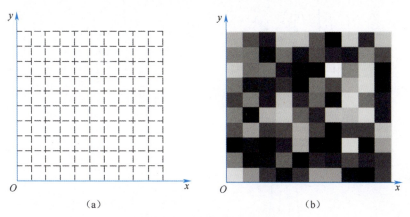

图2-11 图像像素的示意图
(a)像素的位置;(b)像素位置和像素值结合。

像素尺度即指每个像素在实际物理世界中表示的尺度。在成像声呐领域,声呐获得的图像与实际物理世界一般保持一一对应关系,此时每个像素尺度的含义即指实际物理世界中,每个像素点对应在成像声呐照射区域的一个小范围的长度。

例如,侧扫声呐图像经过斜距-地距校正后,其横轴方向一般代表垂直航迹方向,纵轴方向一般代表沿航迹方向。在横轴方向上一个像素点对应垂直航迹方向上实际物理世界的5cm,则称该侧扫声呐在垂直航迹方向的像素尺度为5cm。

2.4.2 分辨率

光学图像与声学图像中,对于分辨率的定义是相同的,即可以分辨两个目标的最小距离。光学图像的"分辨率"指的是单位长度中,所表达或撷取的像素数目。其中最常见的就是图像分辨率,通常说的数码相机输出照片最大分辨率,指的就是图像分辨率,单位是"像素/英寸"(pixel per inch,PPI)。在声学图像中,为了定量描述分辨率,在信号领域广泛采用半功率点的宽度来描述,即"-3dB"宽度。

图2-12中,r为两个目标的距离,δ为分辨率。图2-12(a)、(d)为两个目

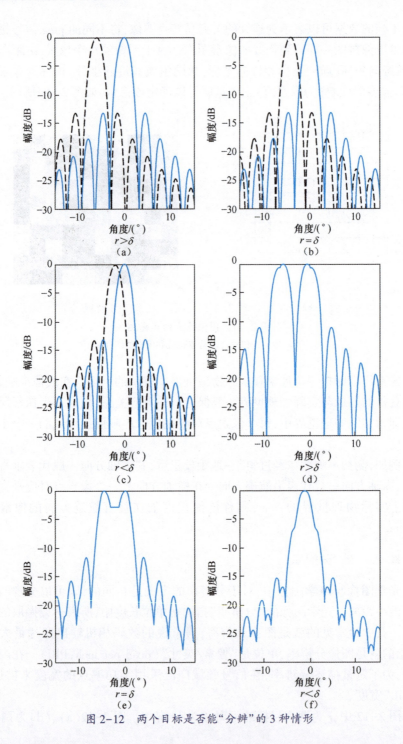

图 2-12 两个目标是否能"分辨"的 3 种情形

标的距离大于分辨率的情况,图 2-12(b)、(e)为两个目标的距离等于分辨率的情况,图 2-12(c)、(f)为两个目标的距离小于分辨率的情况。图 2-12(a)、(b)、(c)中,实线和虚线分别表示一个目标的幅度曲线,图 2-12(d)、(e)、(f)为两个目标叠加后的幅度曲线。上下两个组为一组,进行对照分析,可以看出,当两个目标的距离大于分辨率的时候,在叠加图中可以分辨出两个目标;当两个目标的距离等于分辨率的时候,在叠加图中可以看到幅度较大的一个目标;当两个目标距离小于分辨率的时候,在叠加图中只能看到一个目标,且与只有单一目标的情况极为相似。可以得出结论,两个目标的距离要大于分辨率,才能清晰地分辨出目标。

对于呈直线形状的声呐基阵,其分辨率为信号的半功率带宽,等效于幅度的 -3dB 带宽,有

$$\left| d\left(\frac{\theta_{3dB}}{2}\right) \right|^2 = -3\text{dB}$$

在所发射波长(λ)远小于声呐基阵长度(D)的条件下,可近似解得角分辨率为(图 2-13)

$$\theta_{3dB} = 0.886\frac{\lambda}{D} \approx \frac{\lambda}{D}$$

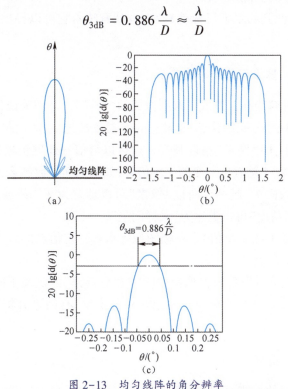

图 2-13 均匀线阵的角分辨率

(a)极坐标系;(b) θ - d(θ) 坐标系;(c) θ - d(θ) 坐标系局部。

1. 方位分辨率

方位分辨率也称沿航迹方向分辨率,在侧扫声呐、合成孔径声呐等设备中较常使用。对于侧扫声呐来说,方位分辨率是固定的角分辨率,此时随着目标的距离越远,其线分辨率也越大。对于合成孔径声呐来说,方位分辨率是固定的线分辨率,一般等于阵元孔径的一半。多波束声呐的方位分辨率是指它能够区分两个靠近的水下目标时所需的最小角度。这个值取决于声波束的数量、宽度以及它们之间的距离。通常情况下,多波束声呐的方位分辨率越小,它能够检测和定位到的目标就越小,也就意味着它能够提供更详细和精确的图像。

2. 距离分辨率

距离分辨率也称垂直航迹分辨率,在侧扫声呐、合成孔径声呐等设备中较常使用。距离分辨率通常利用脉冲压缩技术可以获得较高的分辨率,该分辨率一般不随目标距离变远而变大,也就是它是与距离无关的分辨率。多波束声呐的距离分辨率是指它可以区分两个相邻水下目标的最小距离。该值取决于声波束的频率、信噪比和脉冲宽度等参数。通常情况下,多波束声呐距离分辨率越高,它可以检测到的水下目标就越小,也就意味着它可以提供更详细和精确的图像。

2.4.3 像素与分辨率的关系

像素可以理解为在二维或三维图像域的"采样"。举例来说,设一幅图像对应在物理世界中的长和宽不变,如果它的像素数量越多,对应每个像素代表的实际尺寸就越小,即"像素"精度越高。这可以与信号处理领域的"采样"做类比。在采样中,对于总时长不变的一段信号,如果采样点数越多,意味着采样间隔就越小,即"采样率"越高。所以"像素"可以理解为在二维或三维图像域的"采样"。"像素精度"可以类比为"采样间隔"。

分辨率表征了在一个信号、一幅图像等承载一定信息的载体中,能够区分两个物体的最小间隔。

从二者定义上可以看出,"像素精度"与"分辨率"的定义不同,因此没有必然联系。声呐图像如果具有较高的像素和分辨率,有助于分析海底目标的大小、形状、深度等。

2.4.4 亮度

亮度以灰度的方式表现,在基础成像方法中,可以直接应用信号的幅度来表示回波信号的信息生成图像。通过给振幅信号附加颜色的形式可以直观表示声呐回波代表的信息。例如使用黑白颜色的灰度图表示信号内容。那么可以得到图 2-14 的形式。设定黑色表示振幅比较弱，白色表示声波比较强。

图 2-14　灰度图像和回波振幅的示意图

对于图像的强度大小除了使用黑白的灰度图表示外，还可以对灰度图像进行彩色编码生成伪彩色图。生成彩色图的好处是人眼对颜色的敏感度比较高，运用伪色彩图可以让操作人员更加轻易地发现目标特征的变化和对比。好的配色方案可以更有利于操作员的工作。但是糟糕的配色方案也会有不利的影响。

下面对一些常用的配色方案进行介绍，例如 Matlab 中常用的暖色和冷色配色方案(图 2-15)。

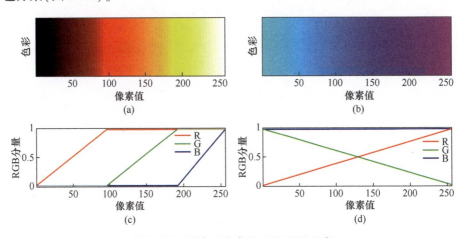

图 2-15　暖色和冷色的 RGB 编码方案
(a)暖色色彩；(b) 冷色色彩；(c)暖色的 RGB 编码方案；(d) 冷色的 RGB 编码方案。

2.4.5 对比度

对比度是指画面的明暗反差程度。增加对比度,画面中亮的地方会更亮,暗的地方会更暗,明暗反差增强。对比度对视觉效果的影响非常关键,一般来说对比度越大,图像越清晰醒目,细节更加突出;而对比度小,则会让整个画面都灰蒙蒙的。高对比度对于图像的清晰度、细节表现、灰度层次表现都有很大帮助。

在声呐图像中,高对比度更容易突出细节,但会减少亮度的层级。对比度调大的方法是使亮的地方更亮,暗的地方更暗。如果图像范围内物体强度变化范围过大,例如既有亮度较大的礁石、桥墩、人工大型物体等,又有软泥、稀泥等反射较弱的地貌,在对比度过度调大时,可能会使得强度较大的物体和强度较小的地貌有一定程度失真。

2.5 小 结

本章主要介绍了声学基础知识、声呐基本概念和声图基本概念。其中,声学基础知识重点解释了声信号如何产生,及其频率、强度、传播方式、速度、反射、折射和混响等基本特性概念。声呐基本概念部分主要是主动声呐的基本概念、设备组成和工作过程等内容。声图基本概念则涉及成像的基本概念。

通过本章内容简介,可以较系统了解水声学、声信号和声图成像等相关领域的基本概念,从而更好地理解声呐成像技术的基础知识。

第 3 章
声呐成像基本原理

◎ 3.1　常见名词词汇

1. 信号脉冲宽度

信号脉冲宽度是声学信号持续的时间周期,脉冲宽度就是信号脉冲能量所能达到最大值持续的周期,单位是 s(秒)。

2. 信号带宽

信号带宽就是指设备可以保持正常工作的一个稳定频率范围,如果声呐的中心频率为 700kHz,带宽为 100kHz,则声呐的实际可稳定工作频率范围为 650~750kHz。

3. 时间变化增益

时间变化增益(time-varying gain,TVG)中的时间为采样时间、声信号传播时间。声波在海水中传播,会存在很多声能量损失的因素,如吸收、扩散、散射,它们都会导致目标的回波信号强度减弱。但是这些因素有一个共同的特点,即距离越远,回波信号强度越小。图 3-1 给出了一个典型的回波信号强度的变化曲线,从中可以看出均匀海底的信号强度随时间而减弱的曲线,可以看出海底的信号强度变化范围很大。

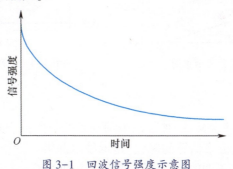

图 3-1　回波信号强度示意图

根据不同的水深和海底情况，TVG可以采用如下表达式进行近似：

$$f(r) = \begin{cases} f_w(a_3, b_3, r) = a_3 r + b_3 \\ f_a(a_2, b_2, c_2, r) = a_2 r^2 + b_2 r + c_2 \\ f_{lg}(a_1, b_1, c_1, r) = a_1 \lg r + b_1 r + c_1 \end{cases}$$

式中：r 为距离；a、b、c 为系数，与水深、水质、海底等环境因素有关。

为了显示声呐数据，特别是保持不同距离声呐图像的亮度、对比度保持一致。信号预处理时，可以对回波信号进行增益补偿，消除回波信号强度在不同距离上的幅度差异，随时间变化的 TVG 增益（图 3-2）可以保障回声波信号和声呐图像能够在整个量程上亮度和对比度保持基本一致，大幅降低声呐图像解译的难度，同时对于声呐图像智能解译也非常关键。

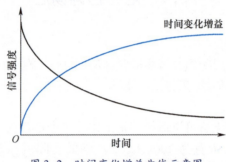

图 3-2　时间变化增益曲线示意图

4. 斜距

声呐换能器基阵至声呐换能器基阵开角射线与水底面交点的距离称为斜距，一般使用 l 来表示斜距（图 3-3）。

5. 地距

斜距在地面的投影称为地距（基距），一般使用 d 表示基距（图 3-4）。

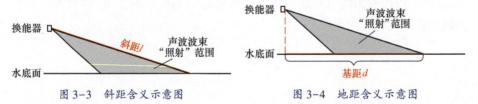

图 3-3　斜距含义示意图　　　　图 3-4　地距含义示意图

6. 水深

水深一般有两种含义：一种是声呐到水底的距离；一种是水面到水底的距离，在水深较深且做粗略估算的时候，这两种水深可以看作大致相同。本书讨论的水深如果不特做说明的话，是指声呐到水底的距离，一般用 h 表示（图 3-5）。

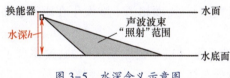

图 3-5 水深含义示意图

7. 入射角

斜距方向与水底面法线方向的夹角称为声波的入射角,一般用 θ 表示入射角(图 3-6)。

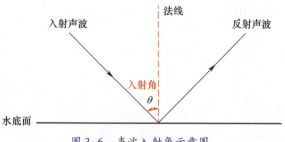

图 3-6 声波入射角示意图

8. 换能器开角

一个无指向性的声脉冲在水中发射后,以球形等幅度远离发射源传播,所以各方向上声能是相等的,这种均匀传播称为等方向性传播,声波的发射阵列称为等方向性源。当两个相邻的发射器发射相同的各向同性的声信号时,声波将互相重叠和干涉。

两个波峰或两个波谷之间的叠加会增强声波能量,这种叠加增强的现象称为相长干涉,见图 3-7(a);波峰与波谷的叠加正好互相抵消,能量为零,这种互相抵消的现象称为相消干涉,见图 3-7(b)。一般地,相长干涉发生在距离每个

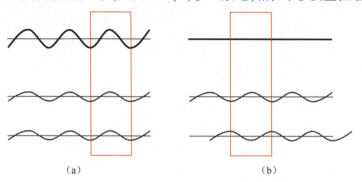

(a)　　　　　　　　　　(b)

图 3-7 波束干涉性图

(a)相长干涉;(b) 相消干涉。

发射器相等的点或者整波长处,而相消干涉发生在距发射器半波长或者整波长加半波长处。

不同于光波,声波是可以相互叠加或抵消的,这体现了能量的指向性。如果一个发射阵的能量分布在狭窄的角度中,则称该系统指向性高。通常发射阵是由多个发射器组成,有直线阵和圆形阵等,但其基本原理是类似的。

设发射器的发射频率 f_0 为 600kHz,半波长布阵,阵元数量为 128,则声波(声信号)如图 3-8 所示。其中幅度或能量最大的称为主瓣,相邻的其他尖峰称为旁瓣,相邻最近的称为"第一旁瓣"(图 3-9),指向性声源的有效覆盖范围称为换能器开角(图 3-10)。

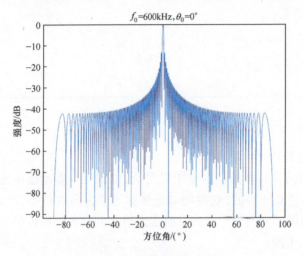

图 3-8 线阵波束图

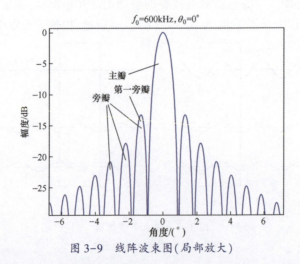

图 3-9 线阵波束图(局部放大)

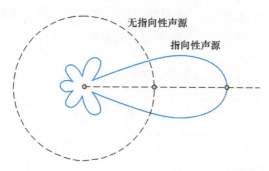

图 3-10 指向性声源有效覆盖范围(主瓣)示意图

◎ 3.2 侧扫成像声呐

■ 3.2.1 侧扫成像基本原理

侧扫成像声呐是一种用于海底地貌测量和目标探测的设备,它通过发射声波并接收其回波信号来获取水下目标的信息,在实际中使用广泛,通常是用来做水下地貌调查、目标搜寻等任务。

侧扫声呐设备是通过将接收到的回波强度映射为对应的灰度信息,进而形成声呐图像。声呐分辨率会随着声波传输距离增加而降低,而且每一次收发信号进行成像的过程容易受到载体方位位置的影响。

通常目标物体的表面对声波的反射相对于水底底质较强,因此呈现为高亮区(亮斑),被目标遮挡的区域内没有测得返回声波或者返回波较弱,则在图像上呈现阴影。一般情况下,硬的、粗糙的、凸起的海底,回波信号较强;软的、平滑的、凹陷的海底回波信号较弱,被遮挡的海底则不会产生回波信号,而距离越远的目标点,其回波信号越弱。

在实际作业过程中,通常是两个换能器基阵同时工作,两个基阵分别安装在载体左右两侧,进行水域扫测任务,并获得水下地貌二维声图。声呐的声图会随着载体的运动,不断的生成,该种类型声图也称瀑布式声图。该二维声图为声波极坐标在平面坐标系下的投影,各个点的亮度代表回波的强弱,亮度越亮代表回波强度越强。(Kolouch,2015;Liu,et al.,2019)

在侧扫声呐工作时,声呐换能器会发射一个短促的声脉冲,声波按球面波方式向外传播,碰到海底或水中物体会产生散射,其中的反向散射波(也叫回波)会按原传播路线返回而被换能器接收,经转换后形成一系列电脉冲,处理器将电脉冲处理后便可形成可视化的图像信息。

图 3-11、图 3-12 和图 3-13 是侧扫成像声呐系统的成像原理示意图,分别为对凸起地形、凹陷地形和悬浮物体探测的场景。

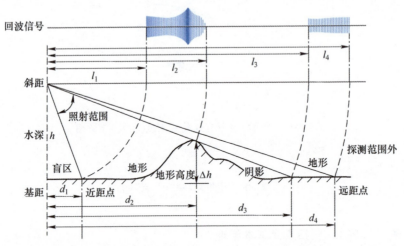

d_1—近距点对应的基距;d_2—坡顶对应的基距;d_3—阴影结束位置对应的基距;d_4—远距点对应的基距;l_1—近距点对应的斜距;l_2—坡顶对应的斜距;l_3—阴影结束位置对应的斜距;l_4—远距点对应的斜距。斜距是基距在地面方向上的投影,该投影是以声波的长度为半径画圆得到的。

图 3-11　凸起地形探测原理示意图

图 3-11 可以分为三个部分:第一部分是最上方的回波信号区域,表示反射回来的声波强度;第二部分是回波信号区域到水底地形之间的区域,描述了声呐的声波传播及斜距;第三部分是水底地形区域,描述了水底地形及基距。

图 3-11 中描述的是声呐在水中发射声波,声呐距离水底的水深为 h。声波从声呐发射出来之后,以声呐为圆心,声波以扇形在水中扩散传播,声波的传播区域为声呐的照射范围,声波的传播区域外为探测范围,声波遇到障碍物后发生反向散射,一部分声波返回声呐被接收,进而转化成回波信号。

一般来说,认为水底是平坦的,声波扩散到水底范围中,距离声呐最近处的海底称为近距点,近距点对应的斜距和基距分别为 l_1、d_1,距离声呐最远处的海底称为远距点,远距点对应的斜距和基距分别为 l_4、d_4。

在图 3-12 中,水底是有凸起的,凸起的顶点处对应的斜距和基距分别为 l_2、d_2。在声波到达水底的凸起后,就会发生反射及散射现象,一部分声波返回声呐被接收到,这一部分的反射会比较强,于是回波信号也会较强,在声图中会形成较强的亮斑,被凸起物遮挡的区域则没有声波到达,这一部分就没有返回声波,于是没有回波信号,在声图中会形成较暗的阴影,阴影的终点处对应的斜距和基距分别为 l_3、d_3,凸起物的高度表示为 Δh。

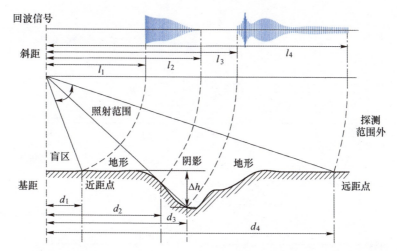

l_1—近距点对应的斜距;l_2—阴影开始处对应的斜距;l_3—阴影结束位置对应的斜距;l_4—远距点对应的斜距;d_1—近距点对应的基距;d_2—阴影开始处对应的基距;d_3—阴影结束位置对应的基距;d_4—远距点对应的基距。

图 3-12 凹陷地形探测原理示意图

在回波信号区域,可以看到当声波照射到水底后,从近距点开始会产生回声信号,在遇到凸起物时回声信号增强,在声波被凸起物遮挡的区域没有回声信号,回声信号会持续到远距点位置。

一般来说,在声波传播范围的正下方会存在一小块区域无法照射到(盲区),该块区域的范围很小,所以通常来说水深 h 与 l_1 近似相等,在估算的时候,可以认为两者相等。

在图 3-12 中,可以分为与图 3-11 同样的三个部分。

在图 3-13 中,水底是有凹坑的,凹坑的上方边缘处对应的斜距和基距分别为 l_2、d_2,从该处开始声音依然在传播,所以该部分是没有反射的,也就没有回声信号,在声图中会形成较暗的阴影。在凹坑的最底部,开始产生回声信号,凹坑的底部对应的斜距和基距分别为 l_3、d_3。从凹坑底部开始,暴露在声波传播方向上的凹坑部分回声信号较强,在声图中会形成较强的亮斑。凹坑的深度表示为 Δh。

在回波信号区域,可以看到当声波照射到水底后,从近距点开始会产生回声信号,在声波刚遇到凹坑时没有回声信号,在声波抵达凹坑底部后回声信号增强,回声信号会持续到远距点位置。

参考凸起地形探测原理,在声波传播范围的正下方会存在一小块区域无法照射到,该块区域的范围很小,所以通常来说水深 h 与 l_1 近似相等,在估算的时

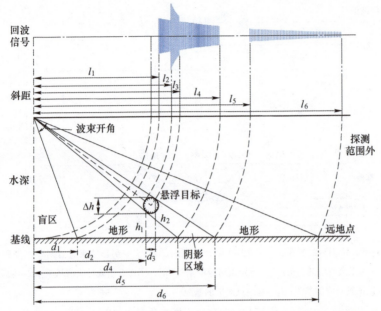

l_1—近距点对应的斜距；l_2—亮斑开始位置对应的斜距；l_3—亮斑结束位置对应的斜距；
l_4—阴影开始位置对应的斜距；l_5—阴影结束位置对应的斜距；l_6—远距点的斜距；
d_1—近距点对应的基距；d_2—亮斑开始位置对应的基距；d_3—亮斑结束位置对应的基距；
d_4—阴影开始位置对应的基距；d_5—阴影结束位置对应的基距；d_6—远距点位置对应的基距。

图 3-13 悬浮物体探测原理示意图

候,可以认为两者相等。

在图 3-13 中,可以分为与图 3-11 和图 3-12 同样的三个部分。

在图 3-13 中,有悬浮目标,悬浮目标在垂直方向的高度表示为 Δh,这是悬浮目标顶面最高点与底面最低点的高度差。声波最早抵达悬浮目标时,对应的斜距为 l_2,与之相对应的基距为 d_2;声波只能照射到悬浮目标正对着声呐的一面,声波照射到的最末端对应的斜距为 l_3,与之相对应的基距为 d_3;在斜距图中,从 l_2 到 l_3 是悬浮目标亮斑明显的区域。声波在被悬浮目标遮挡后,悬浮目标后面的区域是没有声波传播到的,于是产生阴影。在图中的斜距部分可以看到,由于目标是悬浮的,在 l_3 之后,直到 l_4,还是存在地形的反射的,从 l_4 开始到 l_5 的区间范围是因为悬浮目标的遮挡,产生的阴影,l_5 到 l_6(远距点)依然是有地形的反射。基距部分与斜距是对应的,不赘述。

在回波信号区域,可以看到当声波照射到水底后,从近距点开始会产生回声信号,在声波遇到悬浮目标后信号增强,由于目标是悬浮的,即目标不是与水底直接接触,所以被悬浮目标遮挡的阴影出现在亮斑后的一段距离内,即 l_4 与

l_5 之间，通过回波信号的强度，可以很好地理解以上内容。

同理，声呐的声波传播范围在正下方会存在一小块区域无法照射到（盲区），该块区域的范围很小，所以通常来说水深 h 与 l_1 近似相等，在估算的时候，可以认为两者相等。

■ 3.2.2 多波束侧扫成像原理

多波束侧扫成像声呐沿方位向形成多个平行的波束，一发多收，提高了信号的空间采样率，很好地解决了近程和高速拖曳情境下目标丢失的"灯下黑"现象。此外，为了提高拖曳扫测速度，科学家在多波束侧扫成像声呐的基础上增加一组换能器，搭载 SBS 干涉系统，使用先进的干涉信号处理技术，虽然对海底成像效果没有太大的提升，但可对水底高程进行扫测绘制，绘制海底地貌高度，其生成的海底水深数据通常是拖鱼距海底总高度的 10～12 倍。这些数据与生成的侧扫反向散射图像共同配准，可用于更准确地定位海底目标。

以美国 Klein Marine 系统 5900 为代表的多波束侧扫成像声呐系列，以动态光速转向稳定技术消除拖船造成的伪影，使用的声道数量为上一代的两倍多，具有更强的运动中信号处理稳定性能。（于刚，2022；Klepsvik, et al., 1982）此外，近年来美国 Klein Marine 系统通过增加新的探测模式，将远程覆盖范围扩展到每侧 250m，并将轨道分辨率保持在 10cm～38m，20cm～75m 增加到 36cm～150m 和 61cm～250m，同时采取降低噪技术，提供了卓越的成像性能。

■ 3.2.3 合成孔径侧扫成像原理

合成孔径声呐（synthetic aperture sonar, SAS）一般指二维合成孔径声呐，是一种新型的二维成像声呐。

合成孔径声呐与传统声学成像技术不同，合成孔径声呐成像是一种相干成像系统，其基本成像原理与合成孔径雷达相似，是利用小孔径基阵，形成大的虚拟（合成）孔径，从而获得沿运动方向的高分辨率，具有其方位向分辨率与工作频率和距离无关的优点。其分辨率比常规侧扫成像声呐高 1～2 个量级。其成像原理示意图如图 3-14 所示。（Li, et al., 2010；Liu, et al., 2009, 2010；Sawas, et al., 2013）

如图 3-14 所示，合成孔径声呐采用小孔径基阵，在直线运动轨迹上匀速移动，并在确定位置顺序发射、接收并存储回波信号。相邻位置发射的信号是有重合部分的，也就是说在不同位置发射的波束，会照射在同一个目标上，根据空间位置和相位关系对不同位置的回波信号进行相干叠加处理，合成虚拟大孔径的基阵，放大目标的信号强度，从而获得高分辨率的目标声图。从原理上来说，

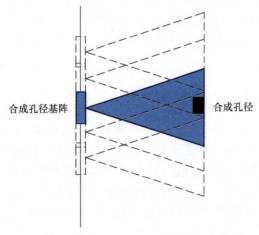

图 3-14　合成孔径声呐成像原理示意图

合成孔径声呐的方位向分辨率与声呐的工作频段和作用距离无关,而仅与基阵尺寸有关。(Liu,2014;Lorentzen,et al.,2021)

与传统侧扫成像声呐相比,合成孔径声呐具有方位向分辨率恒定、较低工作频率可获得较大探测距离,以及 20kHz 以下工作频率具备掩埋物探测能力等优点,因此可使用双频或多频合成孔径声呐同时成像,实现对沉底和掩埋物体的有效探测。其缺点是当平台速度过快时,在一个合成孔径长度中发生漏帧现象时,将导致目标发生散焦。

■ 3.2.4　侧扫成像声呐使用流程

不同类型的侧扫成像声呐从使用方式来说并无差异,使用流程主要包含以下 6 个过程:

(1) 收集数据。在进行侧扫成像声呐测量前,需要确定要研究区域的深度和景观特征,并对所需要扫测的目标物收集相关光学图片、尺寸信息等关键数据。

(2) 测线布绘。在完成数据收集工作后,需根据区域水深与侧扫成像声呐对应的深度扫测量程做测线规划,一般来说需保证两条测线间距不大于当前深度侧扫成像声呐单侧量程的 2/3。

(3) 部署设备。完成测线布绘后,安装侧扫成像声呐,确保它能够在正确的位置上运行,并根据需要调整声呐的角度和方向(图 3-15)。

其中,对水深不超过 50m 水域,会使用挂船式侧扫成像声呐以提高声呐图像定位精度,当挂船安装时声呐换能器应与船只行驶方向平行,且声呐安装角度与水底法线需保持一定角度(视不同厂家侧扫成像声呐型号而定)。

图3-15 单波束侧扫成像声呐挂船安装与作业图

对水深超过50m水域,会使用拖曳式拖鱼侧扫成像声呐以降低由声波特性(水中散射等)对图像质量的影响。当使用拖曳式拖鱼侧扫成像声呐时,需根据船速和拖鱼重量,选择合适拖曳点位,保证拖鱼拖缆长度适合,且需要远离船只尾流区域,以确保拖鱼侧扫成像声呐在使用过程中处于姿态稳定状态(图3-16)。

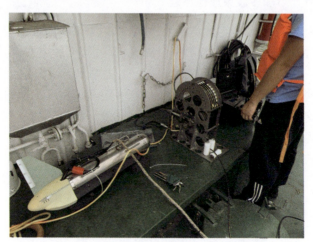

图3-16 单波束侧扫成像声呐拖体作业图

(4)运行侧扫成像声呐。启动侧扫成像声呐,按照设备说明操作,包括设定频率、幅值、增益等参数,实时对图像进行亮度和对比度调节以达到最佳观测状态,值得一提的是亮度与对比度调节仅是对图像进行处理不会对原始数据产生影响,而频率、幅值、增益等参数的调节会直接影响原始数据并影响最终的成像质量，故一般侧扫成像声呐在出厂时都会提供设备使用说明书，在说明书内会对参数配置有详细教程，当然很多厂家都已将经验参数配置内置于显控软件之中，无须使用者对其进行复杂计算调整。在实时扫测过程中，使用者可以利用显控软件中的尺寸量测功能、阴影量测功能、定位标记功能对地貌图像进行标注和量测。

（5）数据后处理。对测量得到的原始数据进行去噪、滤波、校正等处理，然后对处理后的数据进行成像。

（6）图像解译。在完成数据处理后，生成侧扫成像声呐图像，可对图像进行镶嵌并对图像进行分析和解译。

需要注意的是，侧扫成像声呐的使用方法会因具体型号和厂商而有所不同，所以在操作之前需要仔细阅读相关操作指导文档并进行培训。一般情况下，单波束侧扫成像声呐与合成孔径侧扫声呐的作业航速通常在3~5kn，多波束侧扫成像声呐可根据波束数将作业航速提升至6~8kn。

3.3 下视多波束成像声呐

3.3.1 下视多波束成像原理

下视多波束成像声呐（多波束测深声呐）多用于水深测量领域，该类型声呐大多在水平向布置数十甚至上百的接收阵元，通过数字波束形成技术同时产生数百个具有一定交叠的接收波束，能够极大地提升水下地形地貌的探测效率。下视多波束成像声呐每次探测形成一条具有一定覆盖角度范围的测绘条带，通过水面船只或者水下载体的航行对大面积测区进行测绘，最终能够得到探测区域的三维高精度海图成像结果（图3-17）。

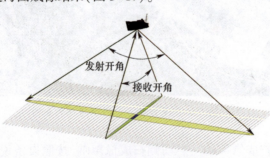

图3-17 下视多波束成像声呐工作原理示意图

下视多波束成像声呐的多波束技术主要利用了阵列技术中的波束控制原

理(图3-18),通过对多个子阵施加不同的空间延时,可将声波波束控制在指定的方向上,而通过控制阵长和布阵方式,可控制波束角的宽度。

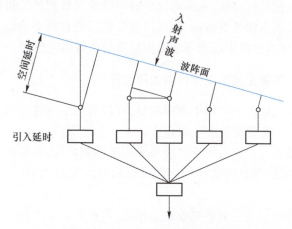

图3-18 波束控制原理示意图

在高频多波束声呐中,还利用了米尔斯交叉原理,即发射阵发射波束在沿航迹方向为窄波束,在垂直航迹方向为宽波束。接收阵中单个阵子的接收波束在沿航迹方向上略宽,在垂直航迹方向为宽波束,经过波束形成后,接收波束形成了沿航迹方向略宽,垂直航迹方向为窄波束的波束特征。发射波束与接收波束叠加区域为波束脚印(图3-19)。

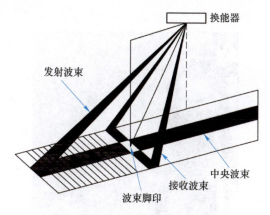

图3-19 多波束技术原理示意图

需要注意的是,下视多波束成像声呐在使用过程中,需要船只载体配合开展。船只在行驶运动,其姿态多会受到海浪等因素影响,故下视多波束成像声呐一般都需要搭配高精度惯导(姿态传感器)和高精度定位导航系统进行使用。

高精度惯导负责对当前时刻船只姿态的测量工作,基于惯导测量的姿态航向等数据对当前时刻测得的水深数据进行实时修正;定位导航系统负责记录当前时刻的真实地理坐标位置,从而将每个时刻的水深数据最终拼接形成一个具有真实地理坐标的水深条带数据,当然定位导航系统也需要给船只提供定位导航服务,以保证下视多波束成像声呐的扫测覆盖区域的完整性。

■ 3.3.2 下视多波束成像声呐使用流程

下视多波束成像声呐多用于水深测量,可以获取水下物体的三维形态信息和水下地形情况。其使用流程主要包含以下 7 个过程:

(1) 收集数据。在进行下视多波束成像声呐测量前,需要确定要研究区域的深度和景观特征,并对所需要扫测的目标物收集相关光学图片、尺寸信息等关键数据。

(2) 测线布绘。在完成数据收集工作后,需根据区域水深与下视多波束成像声呐对应深度扫测量程做扫测区域规划和测线规划,一般来说需保证两条测线间距不大于当前深度下视多波束成像声呐总量程的 1/4。

(3) 部署设备。完成测线布绘后,安装下视多波束成像声呐,确保它能够在正确的位置上运行,并根据需要调整声呐的角度和方向。一般来说下视多波束成像声呐均使用挂船安装方式(图 3-20),使用此类硬性连接方式可以保证光纤惯导、高精度导航定位系统与水下的声呐探头处于稳定的硬性连接状态,以保证位置和姿态修正的精确度,从而提高下视多波束成像声呐的数据可靠度。

图 3-20　下视多波束成像声呐挂船安装与工作图示意图

在设备部署完成后还需要对光纤惯导、高精度导航定位系统的安装位置与探头安装位置进行测量,一般要求测量精度为厘米级,标准差最好不大于 1cm。

最后将测量后的位置填入显控软件中。目前,很多设备已经实现了光纤惯导内置于下视多波束成像声呐探头中,光纤惯导安装位置相当于免校准。

(4)预处理工作。进行测量前的预处理工作,包括使用温盐深测量仪(CTD)对声速剖面进行采集、反演;对光纤惯导和高精度定位导航系统进行校准和星站差分配置等;将校准后的位置偏差输入显控软件中;对目标测区进行验潮站布设或有专人对固定潮位站数据进行抄录等。

(5)运行下视多波束成像声呐。完成部署设备和预处理工作后,启动下视多波束成像声呐,按照设备说明操作,包括设定频率、幅值、增益等参数,由于上述参数的调节会直接影响原始数据并影响最终的成像质量,故一般下视多波束成像声呐在出厂时都会提供设备使用说明书,对其参数配置有详细教程,当然也有很多厂家都已将经验参数配置内置于显控软件之中,无须使用者对其进行复杂计算调整。

在实时工作时,显控软件给船只操作人员提供导航定位视觉服务,下视多波束成像声呐已扫测区域会以表面三维波束条带的方式显示于显控软件中,方便使用者对扫测覆盖效果进行评估,使用者可以利用显控软件中的尺寸量测功能、高度量测功能、定位标记功能对地形图像进行标注和测量。

(6)数据后处理。对测量得到的原始数据进行去噪、滤波、校正、除草等处理,根据需要生成三维图像、截面图、等深线图等结果。

(7)图像解译。在完成数据处理后,生成下视多波束成像声呐图像,可对图像进行分析和解译。

需要注意的是,下视多波束成像声呐的使用流程会因型号不同而有所不同,所以在操作之前需要仔细阅读相关操作指导文档并进行培训。

此外,在使用下视多波束声呐时还需注意以下几点:①设备保护,尽量避免设备碰撞发生意外事故,应当谨慎操作,并及时清理设备表面的污物。②环境变化,注意不同环境因素的影响,包括温度、水流情况等,特别是在恶劣天气条件下时不应使用。③合理布置,对于大范围的测量需要合理布放设备,调整探头朝向,以保证数据质量。

通常情况下,下视多波束成像声呐的一般作业航速在 $3\sim6kn$,具体航速受声呐每秒发射脉冲的频率影响。对于小目标搜索,为保证扫测效果航速一般控制在 $4kn$ 以内。

3.4 前视多波束成像声呐

3.4.1 前视多波束成像原理

前视多波束成像声呐利用数字波束形成技术,在一定空间范围内形成了数以百计的极窄单波束,同时接收来自不同方向的反射声波,最终得到了一张二维的声学图像,从而得到远距离的水下环境成像结果,每个单波束的成像结果相当于是对当前空间的一个切面的成像结果。图 3-21 给出了前视多波束成像原理示意图。

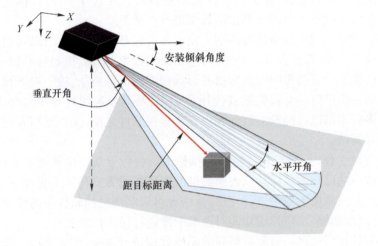

图 3-21　前视多波束成像原理示意图

对于来自不同时刻(对应不同的斜距)的回波其强度是不同的,因此会得到一张回波强度图,在物体的后面由于声波无法照射到因此无法产生回波,在回波强度图中表现为阴影区,很明显这一成像过程是一个非线性过程,无法用矩阵的形式表示。

对于其中的一个单波束而言,其在水平方位上的波束宽度要求是非常窄的,一般低于 1°,越窄意味着更高的分辨率,成像的质量就越高,水平方位上的波束宽度越窄成像效果越清晰。对于垂直方向上的宽度要求是尽量宽的,这样有利于在当前的切面上获得更多的有用的回波信号,使成像范围尽可能大。

■ 3.4.2　前视多波束成像声呐使用流程

前视多波束成像声呐是一种用于水下目标、地貌测量和探测的设备,多用于检测水中目标的距离、大小、形状和深度等。其使用流程主要包含以下 6 个过程:

(1) 收集数据。在进行前视多波束成像声呐测量前,需要对区域深度和所需扫测目标物收集相关光学图像、尺寸信息等关键数据。

(2) 部署设备。将前视多波束成像声呐安装于可控水下云台上,可控水下云台设备安装于水下载体[遥控式水下机器人(ROV)、无人自主水下机器人

(AUV)或潜水员]中。当然若目标物距离水面距离较近也可以使用安装支架安装可控水下云台进行探查工作。

（3）确认位置。使用水面高精度定位导航系统对水下载体进行位置确认，并通过水声定位设备超短基线定位系统(USBL)对水下载体实时定位。

（4）运行前视多波束成像声呐。完成以上步骤确保设备已安装正确并经过校准后，载体于水中悬停，在设备可见的范围内寻找目标物体，或者载体低速运动以固定扫描角度寻找目标物体。当其锁定主目标时，可根据需要调整扫描频率和范围，以获得所需精度，同时将设备指向目标，记录任何感兴趣的数据或图像。图 3-22 为 AUV 搭载的前视多波束成像声呐实物图。

图 3-22　AUV 搭载的前视多波束成像声呐实物图

（5）数据后处理。将数据导出到后处理软件中以进行进一步分析。

（6）图像解译。在完成数据处理后，生成前视多波束成像声呐图像，对图像进行分析和解译。

在使用前视多波束成像声呐过程中，应仔细遵循使用手册，此外还应熟悉水下环境和设备限制，并采取适当的防范措施，以避免设备损坏或误操作。

3.5　三维多波束成像声呐

3.5.1　三维多波束成像原理

三维多波束成像原理与二维多波束成像原理类似，只是将二维波束形成扩展至三维空间。在三维多波束成像时，通常情况下将接收阵设计为面阵，即在两个方向上都有多个阵子，这样才能使波束在三维空间上具有指向性。

从波束数量角度看，二维波束形成技术在布阵方向上可形成多个窄波束，在垂直布阵方向上，只有一个波束，波束宽度与阵长相关，但数量只有一个。三维波束形成由于使用面阵，在两个方向上都有多个阵子，所以在两个方向上都可以做波束控制，这样就在三维空间中形成了多个波束。投影到二维上，则在两个正交平面上都是多波束(图 3-23)。

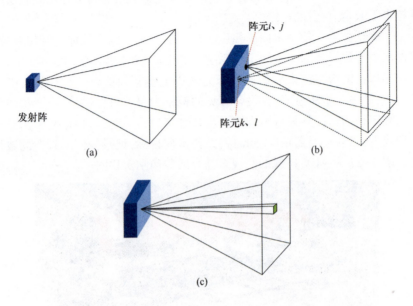

图 3-23 三维多波束成像原理示意图

(a) 发射原理示意图;(b) 接收原理示意图;(c) 数据处理原理示意图。

3.5.2 三维多波束成像声呐使用流程

三维多波束成像声呐多用于检测水中目标的距离、大小、形状和深度等,其使用流程主要包含以下6个过程:

(1) 收集数据。在进行三维多波束成像声呐测量前,需要对区域深度和所需扫测目标物收集相关光学图像、尺寸信息等关键数据。

(2) 部署设备。将三维多波束成像声呐安装于可控水下云台上,可控水下云台设备安装于水下载体(ROV、AUV 或潜水员)中。当然若目标物距离水面距离较近也可以使用安装支架安装可控水下云台进行探查工作。

(3) 确认位置。使用水面高精度定位导航系统对水下载体进行位置确认,并通过水声定位设备超短基线定位系统对水下载体实时定位。

(4) 运行三维多波束成像声呐。完成以上步骤确保设备已安装正确并经过校准。载体悬浮于水中转动云台,在设备可见的范围内寻找目标物体,或者载体巡游以固定扫描角度寻找目标物体,当其锁定主目标时,可根据需要调整扫描频率和范围,以获得所需精度,同时将设备指向目标,记录任何感兴趣的数据或图像。

(5) 数据后处理。将数据导出到后处理软件中以进行进一步分析。

(6) 图像解译。在完成数据处理后,生成三维多波束成像声呐图像,可对图像进行分析和解译。

在使用三维多波束成像声呐时,同样应仔细阅读设备使用说明,熟悉安装校准方法、水下环境对设备约束等,并采取适当的防范措施,以避免设备损坏或误操作。

3.6 三维合成孔径成像声呐

3.6.1 三维合成孔径成像原理

当成像声呐在采用低频声波探测海底掩埋目标时(例如掩埋管缆),受限于声波频率较低,波长较长,存在很难达到较高的成像分辨率的问题。针对上述问题,采用了三维合成孔径技术(图3-24),大幅提高成像分辨率,实现探测目标中电缆、光缆等较细小目标的探测。

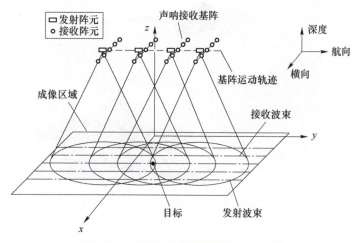

图3-24 三维合成孔径技术原理示意图

三维合成孔径技术主要采用面阵换能器,综合运用多波束和合成孔径技术,在距离、航迹和垂直航迹等多个方向同时实现三维高分辨率成像,实现海洋全景三维实时成像,从而实现海底三维浅地层剖面信息和海底掩埋管缆目标埋深等信息。

图3-25为三维合成孔径成像原理示意图,图3-26为三维合成孔径成像声呐成像模型示意图。

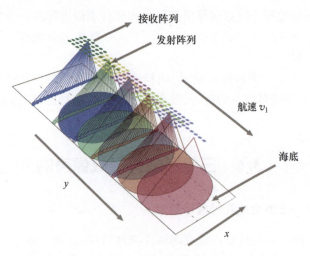

图 3-25　三维合成孔径成像原理示意图

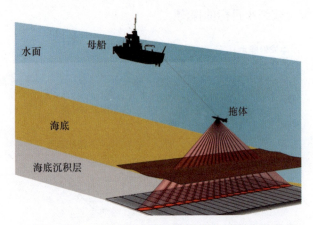

图 3-26　三维合成孔径成像声呐成像模型示意图

3.6.2　三维合成孔径成像声呐使用流程

三维合成孔径成像声呐可获取水下掩埋目标、地层、地形等三维数据信息，通常情况下，使用三维合成孔径成像声呐时会搭配下视多波束成像声呐和侧扫成像声呐组合成多频三维合成孔径成像系统同时工作。以下是多频三维合成孔径成像系统的使用方法：

（1）收集数据。在进行三维合成孔径成像声呐测量前，需要确定要研究区域的深度和景观特征，若需要对管缆等目标进行探测，则可优先找寻施工路由或设计路由等地球物理勘探资料，并对所需要扫测的目标物收集相关光学图片、尺寸信息等关键数据。

（2）测线布绘。在完成数据收集工作后，需根据区域水深与三维合成孔径成像声呐对应深度扫测量程做扫测区域规划和测线规划，三维合成孔径成像声呐对于管缆类线目标的扫测方法为沿着目标路由进行扫测即可，故在布绘测线时一般以设计路由或前期调查路由为中心，两侧各布设2~4根平行于设计路由或前期调查路由测线即可，一般来说需保证两条测线间距不大于当前深度三维合成孔径成像声呐总量程的1/4。

（3）部署设备。完成测线布绘后，安装三维合成孔径成像声呐，确保它能够在正确的位置上运行，并根据需要调整声呐的角度和方向。

其中，针对水深小于50m的水域作业，一般来说三维合成孔径成像声呐使用挂船安装方式（图3-27）或船底安装方式。使用此类硬性连接方式可以保证光纤惯导、高精度导航定位系统与水下的声呐探头处于稳定硬性连接状态，以保证位置和姿态修正的精确度，从而提高三维合成孔径成像声呐的数据可靠度。在设备部署完成后还需要对光纤惯导、高精度导航定位系统的安装位置与探头安装位置进行量测，一般要求量测精度为厘米级，标准差最好不大于1cm。最后将量测后的位置填入显控软件中。如果将光纤惯导内置于三维合成孔径成像声呐探头中，光纤惯导安装位置相当于免校准。

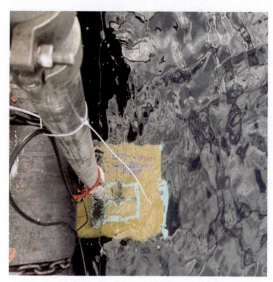

图3-27　三维合成孔径成像系统挂船安装与作业示意图

针对水深大于50m的水域作业，一般来说三维合成孔径成像声呐使用拖曳方式进行扫测以保证扫测效果（图3-28）。当使用拖曳方式进行扫测时，需根据船速和拖体重量,选择合适拖曳点位,保证拖体拖缆长度适合,且需要远离船只尾流区域,以确保拖体在使用过程中处于姿态稳定状态。

图 3-28 三维合成孔径成像系统拖曳作业图

（4）预处理工作。进行测量前的预处理工作,包括了使用温盐深测量仪（CTD）对声速剖面进行采集、反演;对光纤惯导和高精度定位导航系统进行校准和星站差分配置工作;将校准后的位置偏差输入显控软件中;对目标测区进行验潮站布设或有专人对固定潮位站数据进行抄录等。

（5）运行三维合成孔径成像声呐。完成部署设备和预处理工作后,启动三维合成孔径成像声呐,按照设备说明操作,包括设定频率、幅值、增益等参数,上述参数的调节会直接影响原始数据并影响最终的成像质量,故一般三维合成孔径成像声呐在出厂时都会提供设备使用说明书,在说明书内会对参数配置有详细教程,当然很多厂家都已将经验参数配置内置于显控软件之中,无须使用者对其进行复杂计算调整。

在实时工作时,显控软件给船只操作人员提供导航定位视觉服务,三维合成孔径成像声呐已扫测区域会以三维三视图的方式显示于显控软件中,方便使用者对扫测目标进行追踪识别,使用者可以利用显控软件中的尺寸测量功能、深度测量功能、定位标记功能对地貌图像进行标注和测量。当然还有下视多波束成像声呐表面三维条带及侧扫成像声呐的瀑布图同时显示。关于下视多波束成像声呐与侧扫成像声呐前文已有详细介绍,此处不赘述。

（6）数据后处理。对测量得到的原始数据进行去噪、滤波、校正、除草等处理,根据需要生成三维图像、截面图、沿目标切剖图、斜距图等结果。还需对系统内的下视多波束成像声呐和侧扫成像声呐进行数据后处理工作。

（7）图像解译。在完成数据处理后,生成三维合成孔径成像声呐三维图像、下视多波束成像声呐地形图和侧扫声呐高清地貌图,可对图像进行分析和解译。

通常情况下,三维合成孔径成像声呐的一般作业航速在 3~6kn,为保证扫测效果航速尽量控制在 4kn 左右。

3.7 浅地层剖面成像声呐

3.7.1 单波束浅地层剖面成像原理

浅地层剖面仪载体在航行过程中,浅地层剖面仪的发射器垂直向水底重复发射大功率低频脉冲声波,声波遇到水底及其下面的地层界面时产生反射回波。由于反射界面的深度不同,回波信号到达接收器的时间也不同;回波信号的强弱反映了地层介质均匀性的差异大小。接收到的回波信号经过放大、滤波等处理后,可显现出不同灰度的黑点组成的线条,该线条描绘出地层剖面结构。(柴冠军,等,2017;Bull,et al.,2005;Gutowski,et al.,2008)。

图 3-29 给出了高、低频声波海底地层探测原理示意图。

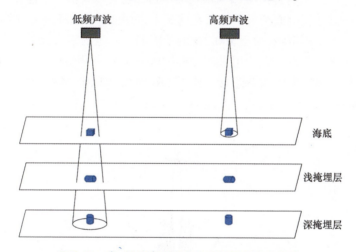

图 3-29 高、低频声波海底地层探测原理示意图

声波穿透地层的深度受发射器的声源级、工作频率、海底表层的反射系数和散射系数及地层的声吸收系数等因素影响。浅地层剖面仪的地层探测深度通常为几十米,中层和深层剖面仪分别为几百米和数千米。浅地层剖面仪的声波频率通常是在几百赫到几十千赫之间的低频声波,声波频率越高地层垂直分辨率越高,但穿透深度越小。

高频波易被地层吸收,传播深度有限,而低频波不仅可以获得较远的传播距离,还可以穿透海底表面,在提高勘测深度的同时,将水域范围内具有一定厚度的地层、构造反映出来,有利于人们对地质灾害进行深入的判断。声源强度相同时,最大探测深度与最高工作频率成反比。一般来说,浅地层剖面仪的纵向分辨率可达 15~30cm，增大有效频带宽度能提高地层分辨率。（李海东，等，2019；宋永东，等，2020；杨国明，等，2021；Fakiris，et al.，2018；Plets，et al.，2009）

■ 3.7.2 参量阵浅地层剖面成像原理

参量阵浅地层剖面成像声呐是一种轻便灵活、高分辨率、高精度水深测量及地层剖面探测的新型多功能浅地层剖面系统。该声呐系统主要利用参量阵（非线性调频）原理，克服了低频线性调频声呐不足，使得声呐换能器发射的频率可以很低，具有很强的穿透性，但是换能器却具有体积小、重量轻，发射的波束角很小，具有很高的分辨率等特点，可勘测水底深度、沉积物剖面分布深度和水底埋设目标物的声学反射弧，最终可实现实时获取湖区（等深线）水深分布、地层沉积物（等厚线）厚度分布和水底埋设目标物的位置信息功能。

参量阵浅地层剖面测量系统通常情况下采用 2 个 100kHz（相对高频）的频率换能器作为主频声呐，由于 100kHz 的换能器有一定的带宽，因此利用两者之差可以获得多个低频。例如用采用 106~100kHz，可获得 6kHz 低频，其他依此类推。如图 3-30 所示，如果直接采用 10kHz 声波，则主瓣宽度较大。如果采用两个 100kHz 附近的声波，其主瓣宽度较小，形成差频后，频率较低，但主瓣宽度仍然较小。

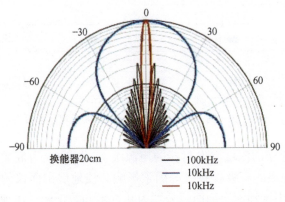

图 3-30　参量阵原理示意图

两个高频换能器的体积比单个低频换能器体积小很多，利用差频原理，使两个频率接近的高频声波产生一系列二次频率声波，既有高频部分，又有低频部分，高频声波可用以获得更多水体信息，低频声波具有较好的穿透能力，可以有效获取浅地层剖面，故此种技术目前广泛应用于海洋测绘领域。

3.7.3 浅地层剖面成像声呐使用流程

浅地层剖面成像声呐是一种用于水下测量和成像的设备,可以获取水下物体的掩埋目标、地层、水深等的二维数据情况。其使用流程主要包含以下6个过程:

(1) 收集数据。在进行浅地层剖面成像声呐测量前,需要确定要研究区域的深度和景观特征,若需要对管缆等目标进行探测,则可尽力获取施工路由或设计路由等先验信息资料,并对所需要扫测的目标物收集相关光学图片、尺寸信息等关键数据。

(2) 测线布绘。在完成数据收集工作后,需根据区域水深与浅地层剖面成像声呐对应深度扫测量程做扫测区域规划和测线规划,由于浅地层剖面成像声呐在对管缆类目标扫测时需要使用切剖式扫测方法,故测线需垂直于设计路由或前期勘察路由进行布绘,一般来说需按照施工要求进行布线,如50m间隔或100m间隔,所获取的管缆埋深点间隔即为测线间隔,此间隔因船只控制原因一般最小为50m一个点。

(3) 部署设备。完成测线布绘后,安装浅地层剖面成像声呐,确保它能够在正确的位置上运行,并根据需要调整声呐的角度和方向。

若在水深小于50m水域作业,一般来说浅地层剖面成像声呐使用挂船安装方式(图3-31)或船底安装方式,使用此类硬性连接方式可以保证光纤惯导、高精度导航定位系统与水下的声呐探头处于稳定硬性连接状态,以保证位置和姿态修正的精确度,从而提高浅地层剖面成像声呐的数据可靠度。在设备部署完成后还需要对光纤惯导、高精度导航定位系统的安装位置与探头安装位置进行量测,一般要求量测精度为厘米级,标准差最好不大于1cm,最后将量测后位置置入显控软件中。

若在水深大于50m水域中作业,一般来说浅地层剖面成像声呐使用拖曳方式进行扫测以保证扫测效果。当使用拖曳方式进行扫测时,需根据船速和拖体重量,选择合适拖曳点位,保证拖体拖缆长度适合,且需要远离船只尾流区域,以确保拖体在使用过程中处于姿态稳定状态。

(4) 预处理工作。进行测量前的预处理工作,包括使用温盐深测量仪(CTD)对声速剖面进行采集、反演,对光纤惯导和高精度定位导航系统进行校准和星站差分配置工作等,并将校准后的位置偏差输入显控软件中。

(5) 运行浅地层剖面成像声呐。完成部署设备和预处理工作后,启动浅地层剖面成像声呐,按照设备说明操作,包括设定频率、幅值、增益等参数,上述参数的调节会直接影响探测数据成像质量,故一般浅地层剖面成像声呐在出厂时

图 3-31 美国 EdgeTech 3400 型浅地层剖面成像声呐挂船安装示意图

都会提供设备使用说明书,在说明书内会对参数配置有详细教程,也有部分厂家将经验参数配置内置于显控软件之中,无须使用者对其进行复杂计算调整。

在实时工作时,需要配备导航软件给船只操作人员提供导航定位视觉服务,浅地层剖面成像声呐已扫测区域会以二维地层剖面的方式显示于显控软件中,方便使用者对扫测区域地层和切剖目标进行判读,使用者可以利用显控软件中的尺寸量测功能、深度量测功能、定位标记功能对地形图像进行标注和量测。

(6) 数据后处理。对测量得到的原始数据进行去噪、滤波、校正等处理,根据需要生成二维截面图、埋深线图等结果。

(7) 图像解译。在完成数据处理后,生成浅地层剖面成像声呐图像,可对图像进行分析和解译。

一般情况下,浅地层剖面成像声呐的作业航速在 1~6kn,同时根据作业水深进行调整,在深水条件下为保证扫测效果航速尽量控制在 2kn 左右。

◎ 3.8 小　　结

本章主要针对声呐常见名词词汇及其侧扫、下视多波束、前视多波束、三维合成孔径、三维多波束和浅地层剖面成像等不同类型成像声呐的成像原理和使用流程进行了介绍,力求让读者更好地了解声呐成像工作原理和实际应用流程,从而在实际操作过程中可选择合适的成像方法。

针对不同类型的成像声呐,其中侧扫声呐主要通过声波束向侧面定向,以获取物体的图像;下视和前视多波束成像声呐则分别将多个声波束向下或向前定向，以获取更广泛的应用场景；三维合成孔径和多波束成像声呐则可以产生高精度的三维图像，甚至可以对掩埋目标进行三维成像；浅地层剖面成像声呐则是垂直向水底发射脉冲声波和接收水体、目标、海底和地层反射回波进行成像，实现海洋环境中浅地层沉积结构成像。

在实际应用过程中，声呐技术也面临着一些挑战。例如，海洋环境中的悬浮物和大量海草可能会影响声波传播和接收效果，而声波在穿越不同介质时会发生折射和反射，导致图像模糊和虚假信息。因此，在实际应用中，我们需要合理设计声波发射源的位置、功率和频率等参数，并选择最适合的成像方法，以提高成像质量和准确度。

第 4 章
声图特征解译和信息量测

◎ 4.1 声图主要特征解译

声学图像解译与光学图像解译在解译方式和难易程度上有较大的差距，通常情况下，用来判读声学图像的特征主要有以下 6 类：形状特征、尺寸特征、纹理特征、阴影特征、色调和颜色特征、相关体特征。（吴自银，2017；Blondel, et al., 1997）

4.1.1 形状特征

目标的形状特征是描述声图目标众多参数中的重要参数之一。形状特征通常是指某类图像外部轮廓在声图上表现出的形状，主要包括轮廓特征和区域特征（Brisson, et al., 2010）。图像轮廓特征主要针对物体的外边界，而图像区域特征则关系到整个形状区域。

轮廓是由一系列相连的点组成的曲线，代表了物体的基本外形。其主要特征有两点：①轮廓是连续的，边缘并不全都连续；②轮廓主要用来分析物体的形态（如周长和面积）。区域特征主要包括区域面积、区域中心、区域几何矩等特征。

图像形状在一定程度上反映出目标的性质及地貌类型，因此，形状特征是声图目标和地貌解译的重要依据之一。图像解译的基本方法是由宏观至微观，由浅入深，由已知到未知，由易到难，逐步展开，对于目标形状明显的声图，解译时最直接的判读依据便是形状特征。由于海底目标和地貌的实际形状不同，其在声图上的图像形状也不同。但是需要注意的是，在实际解译过程中，应结合声图各类变形来判读图像形状特征。

如图 4-1 中，目标的轮廓线比较完整且比较清晰，根据其形状特征，即通过图像中类似船帆的形状轮廓、类似上层建筑的形状轮廓和整体形状轮廓，判读该目标是一艘沉船目标。通过声图背景分析,可以判断该沉船处于一个地形较平坦,海沙均匀的海底区域。(盛子旗,等,2021;王晓,2017;许枫,等,2001;Gebhardt,et al.,2017;Levin,et al.,2019)

图 4-1　沉船侧扫成像声呐图像

如图 4-2 所示,通过形状可以清晰地辨认出这是一张自行车的声呐图像。另外,对于一些目标形状特征不够明显,不足以根据形状特征直接判读的声呐图像,可以通过观察图像的目标形状特征的方法,迅速地缩小判读范围,提高后续根据纹理特征、相关体特征等特征继续判读图像的效率。

图 4-2　自行车侧扫成像声呐图像

图 4-2 能够比较清晰地观察出侧扫成像声呐图像中有较亮的区域,该区域显示出来的轮廓形状为自行车形状,能够清晰地看到自行车的前后轮、骨架、传动机构、车座及方向控制机构。故根据形状特征可以判断声图中所显示的目标为一辆自行车。此外,图像中自行车所处的区域有一些凹凸不平的亮斑,可以推断自行车所处区域地形有一定的起伏。

图 4-3 能够比较清晰地观察出侧扫成像声呐图像中有较亮的船形区域,能够清晰地看到船的轮廓,以及船内部横梁,疑似为游船,故根据形状特征可以判断声图中所显示的目标为一艘小船。

图 4-3　沉底船侧扫成像声呐图像

图 4-4 是合成孔径声呐获得的海底图像,该图像中目标轮廓清晰,可以根据形状特征的方法进行解译。该图像由黑黄两色组成,由于亮度不同,呈现出不同形状轮廓。在图像的左侧有一个不完整的目标,目标有一半陷入到海底,根据露出部分的形状轮廓可以判断是收拢的炸弹减速板,因此可以判断图中左侧的目标是炸弹。在图像的下部有众多细长五角星形状的目标,根据其形状轮廓可以判断为海星目标。

图 4-5 是侧扫成像声呐图像,图像下方的左右两侧分别有较为明显的目标。根据左侧目标的外形轮廓,可以判断其为埋设电缆时挖的沟;根据右侧目标形状,可以判断它为海上风电桩基。此外,在右侧桩基目标附近的海底背景中,有多个不规则的块状物体,根据形状可以判断它们为一些零散的挖坑。

图 4-4 炸弹合成孔径声呐图像

图 4-5 风机桩基侧扫成像声呐图像

图 4-6 中是使用多波束声呐探测得到的图像,图像中红色物体是目标主体。根据红色物体较粗短的外形轮廓,可以观察出这是一个自主型水下机器人(AUV)。此外,目标物体周围可以看出地形比较起伏不平,可以推测该区域为一块地形不平坦区域,且目标的下半部分已经陷入到海底中。

图 4-6 自主型水下机器人多波束成像声呐图像

图 4-7 是二维合成孔径成像声呐探测得到的掩埋物图像,图像下方有一排较为明显的纵横交错的目标,根据外形轮廓特征可以判断其为埋设的护岛设施。在连续的护岛设施中,有不连续的情况出现,疑似为护岛设施发生了损坏。

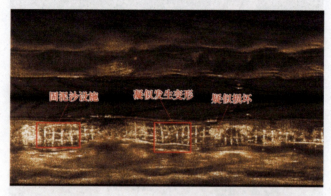

图 4-7　护岛设施二维合成孔径成像声呐图像

■ 4.1.2　尺寸特征

尺寸特征是指(某类图像)在声图上的尺寸,根据声图纵横比例尺能明确给出目标或地貌大小的概念。

在判读声呐图像时,可能会遇到因为目标形状类似而大小不同,导致难以判读的问题。比如一些形状类似沉船的鞋子,仅从目标的形状特征难以判断该声图中物体目标是沉船还是沉底的鞋子。如果能利用声呐图像的纵横比例尺,便可以根据目标的大小特征判断该目标属于哪一类。

另外,在利用声图判读地形地貌时,有时也会因为无法判断声图中是沙丘还是小沙堆,是小石块还是小丘陵导致声图判读无法继续。而当得知声呐图像的纵横比例尺时,便可获取声图中目标大小特征,从而根据目标大小可轻易地判断地形地貌的类型。

因此,判读图像之前应弄清声图比例尺变化情况。如图 4-8 所示,声呐图像中点目标的横向尺寸为 10m,结合形状特征可以判断,该声呐图像中的点目标为一艘沉船,而不是玩具船或者是鞋子等物体,并且根据目标大小特征可以判断出声图中点目标左上方为小沙丘地形而不是小沙堆。

通常情况下,声呐图像在不是特别模糊的情况下,一般可根据声呐图像中目标的形状特征和大小特征便可以判读出大部分图像的地形地貌和目标类别,极少部分声图判读需要继续根据声图中的纹理特征和相关体特征进一步判读。

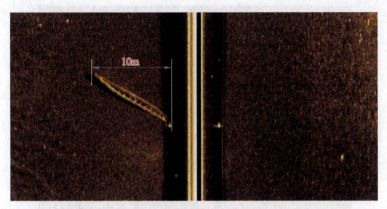

图 4-8　沉底龙舟侧扫成像声呐图像

4.1.3　纹理特征

纹理特征是指声图上强灰度的灰阶形成的各种形态特征,纹理特征也是一种全局特征,它描述了声图或声图区域所对应景物的表面性质,纹理特征在声图中反映成多种形状,如点状、线状、环状、条带状等形态。

通常情况下,声图中一些典型目标具有如下纹理特征:①海底沙坡地形的声呐图像多呈现为波浪状微地形特征,少数为浅层气体的条带状、椭圆状。②平坦平原地形的声呐图像多为地面平坦或起伏较小的一个较大区域。③斜坡的声呐图像多呈现为一个坡度恒定且较小的斜状地形。④垄沟的声呐图像为纵向河床形状,多成组出现,一般平行主潮流方向。⑤平坦山脊的声呐图像多显示为高于周围的宽阔地貌。⑥露出的海底岩石声呐图像为占地很小的一片岩石,是一个内聚性强的整体而不是松散的堆集体。⑦沙带的声呐图像纹理特征一般有阶梯状外形,覆盖在一个粗糙类型海底之上,大多数与潮流方向一致或平行。⑧拖网痕迹的声呐图像一般显示为较为规律的细划痕。⑨海底管线的声呐图像多为掩埋、裸露或者悬浮的线状。⑩波纹的声呐图像与沙坡类似,但高度较低且通常方向与潮流或流方向垂直。⑪露出海底暗礁的声呐图像纹理特征多为分布区域较大且相对狭窄的基岩。⑫裂缝的声呐图像多为露出基岩之间的狭窄沟壑。⑬鱼群的声呐图像多为椭圆形态,燕尾形态。

如图 4-9 右侧图像中的线状结构有一部分露出海底,有一部分则被掩埋,且线状结构的表面看起来比较光滑,因此可以判断这是海底缆线结构。

图 4-10 中,可以观察到目标物体的阴影有较明显的尖头椭圆形状和燕尾形状,可以判断该目标为鱼类目标。

图 4-9 海底缆线的侧扫成像声呐图像

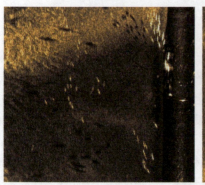

图 4-10 鱼类的侧扫成像声呐图像

但是,由于纹理只是一种物体表面特性,不能完全反映出物体的本质属性,与色调和颜色特征不同,纹理特征不是基于像素点特征,而是包含多个像素点的区域统计特征,所以仅利用纹理特征是无法获得高层次图像内容的。

4.1.4 阴影特征

阴影特征是指目标和地形地貌高出海底面阻挡声波照射的地段,在声图上表示为无灰度的小区域。阴影的长度反映目标和地形地貌隆起高度,是测量隆起高度的重要依据。海底凸起的目标,其朝向换能器的一面,由于波束入射角小,回波能量强,显示在声呐图像上较暗。相反,在背向换能器的一面,由于波束入射角大或者目标遮挡了声束的传播,被遮挡部分的目标没有回波信号或回波很弱,显示在图像上很浅,这就是目标的阴影。

一般高出海底的目标都会产生目标阴影,阴影在距离方向的长短与目标的位置和高度有关。对于二维的声呐图像而言,阴影是唯一能反映出目标三维信息的要素,是判别目标高度的依据。对于高出海底平面的凸物或水体中目标的侧扫成像声呐图像,如海底地形起伏、沙波、沉船、礁石等能产生阴影,其阴影轮廓清晰可见。

但有时,地形的轻微起伏或对声波半透明的目标形成的阴影并不明显,因此阴影强度有时也能反映出构成目标的物质特性,其声呐图像中的浅色调并不都代表阴影区。此外,后向散射能力很弱的软泥、光滑沉积面区域、地形倾斜且背向换能器的一面、原始图像中的水柱区域等也表现为浅色调。

通过图4-11中目标物体的形状特征,可以判断出该物体是一个船型形状物体,但物体的高度信息难以根据形状判断;根据物体的阴影特征可以判断,该物体的高度较小,因此可以判断出该物体为一艘沉船。

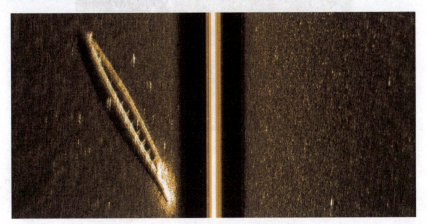

图4-11 水底沉船的侧扫成像声呐阴影特征图

图4-12中的目标物体,在声图中的形状特征是一条较亮的线段,通过大小特征、色调和颜色特征等无法判断其目标的类型,但是该物体的阴影呈现出明显的自行车形状,可以看到阴影形状里有自行车的前后轮胎、骨架、车座、传动系统等,因此,根据目标的阴影特征可以判断该目标类型为一辆自行车。

图4-13是侧扫成像声呐探测得到的图像,根据声图中的目标形状可以判断声图中的目标为一艘沉船,单纯通过目标性状特征难以识别沉船的上层建筑形状,但是该声图中沉船的阴影特征较明显,可以通过阴影与目标对照,进而判断船舶的形状和上层建筑。

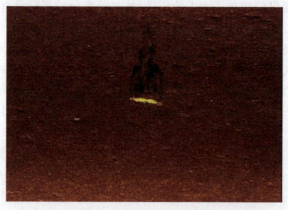

图 4-12 水底自行车的成像声呐阴影特征图

图 4-13 沉船侧扫成像声呐阴影特征图

图 4-14 侧扫成像声呐探测得到的海底沙纹声呐图像,声图中沙纹的阴影特征比较明显,可以看到沙纹阴影一般伴随在沙纹起伏身后,多呈条带状结构,形状细长。

图 4-14 海底沙纹侧扫成像声呐阴影特征图

4.1.5 色调和颜色特征

色调特征是对黑白声图而言,是指声图上所表示的灰阶由深到浅的灰度,在声图上人眼可以感受 8 个层次灰阶的灰度。侧扫成像声呐在采用灰度显示时,一般暗色代表回波较弱,白色代表回波较强。

彩色特征是对伪彩色声图而言,对于声呐图像的颜色特征提取,通常使用 RGB 和 HSV 模型。RGB 是应用最多的颜色空间设置,由三个通道表示一幅图像,分别为红色(R)、绿色(G)和蓝色(B),这三种颜色的不同组合可以形成几乎所有的其他颜色。HSV 表达彩色图像的方式由三个部分组成:Hue(色调、色相)、Saturation(饱和度、色彩纯净度)和 Value(明度),比 RGB 更容易跟踪某种颜色的物体,常用于分割指定颜色的物体。

颜色特征是一种全局特征,描述了声图或声图区域所对应景物的表面性质。一般颜色特征是基于像素点的特征,此时所有属于声图或声图区域的像素都有各自的贡献。由于颜色对声图或声图区域的方向、大小等变化不敏感,所以颜色特征不能很好地捕捉图像中对象的局部特征。

对于色调和颜色特征,其特征提取与匹配方法有颜色直方图、颜色集、颜色矩、颜色聚合向量、颜色相关图等方法,其中最常用的方法是颜色直方图方法。颜色直方图方法优点在于:它能简单描述一幅图像中颜色的全局分布,即不同色彩在整幅图像中所占的比例,并且不受图像旋转和平移变化的影响,进一步借助归一化还可不受图像尺度变化的影响,特别适用于描述那些难以自动分割的图像和不需要考虑物体空间位置的图像;其缺点在于:它无法描述图像中颜色的局部分布及每种色彩所处的空间位置,即无法描述图像中的某一具体的对象或物体。

图 4-15 为采用灰度显示的两张黑白色声呐图像,较亮的白色部分反射较强,黑色部分反射较弱。根据颜色特征可以判断,其颜色偏白色连续物体为水下缆线和水下管道目标,颜色偏黑色部分为海底背景部分,紧贴右侧水下缆线和水下管道的黑色阴影部分,为声波照射到缆线和管道后无法抵达区域,故没有反射信号。

图 4-16 是采用伪彩色显示的多波束侧扫海底地形地貌成像声呐图,根据声图有色度与水深对应关系,声图中颜色越是靠近蓝色,则该区域的深度就越大,越靠近红色的区域深度就越小,并且通过声图可以看到该海域是一个中部较平坦,两边凸起的地形。

4.1.6 相关体特征

声呐图像和光学图像不同,光学图像一般颜色分明,边缘清晰并且轮廓线完整,而声呐图像中目标和背景颜色差距不明显,边缘特征不清晰且轮廓线会出现覆盖的现象,这就会导致难以利用其他特征判读目标类别。

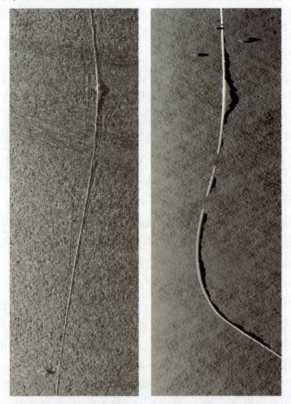

图 4-15 水下缆线和管道侧扫成像声呐图像

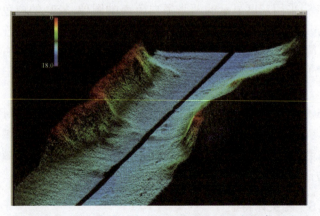

图 4-16 伪彩色多波束侧扫海底地形地貌成像声呐图

相关体特征是指伴随某类目标同时出现的无固定纹形的声图特征。如，沉船或飞机声图周围一般伴随有堆积和沟槽图像。水下潜水员的声呐图像，潜水员和气泡往往会叠在一起，难以确定潜水员的准确位置，因此只有通过分析潜水员的相关体特征——气泡特征，从而大致确定潜水员的位置。此外，空心球状目标在某些声呐图像中会呈现出细长扇形状的阴影，如果球体目标本身被障碍物遮挡住部分体积，通过形状特征很难分辨判读目标是否为球状物体，此时需要根据目标的细长扇形状相关体特征大致判断出目标为空心球状物体。

虽然相关体特征可以帮助判读一些目标特征较为特殊的声呐图像，但一般来说，通过相关体特征直接判读会非常复杂。因为通过相关体特征判读时，需要提前知晓相关体特征的目标类型，并且不能明确该相关体特征只属于某类目标类型所有。所以，在声呐图像判读时，通常是先通过其他特征判读，在遇到特殊情况以至无法通过其他特征判读时，再利用其相关体特征进一步判读。

图4-17为侧扫成像声呐探测得到的声呐图像，在声图下半部分可以看到有一条角度倾斜、悬空的绳索以及一个圆弧状的沟壑，并且绳索的一端嵌入地面，可以判断该绳索应该为锚链，圆弧状的沟壑为锚沟。

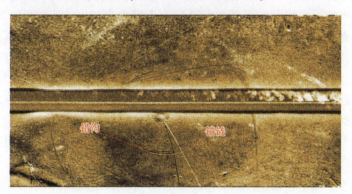

图4-17　海底锚链及锚沟侧扫成像声呐图像

◎ 4.2　声图特征信息量测

声呐探测的目标一般分为非掩埋目标和掩埋目标，非掩埋目标一般包括水下的沉船、飞机、裸露或悬浮管缆等，掩埋目标一般包含古代沉船、掩埋管缆等。

非掩埋目标通常利用前视多波束成像声呐、侧扫成像声呐、多波束测成像声呐进行探测，掩埋目标一般应用三维合成孔径成像声呐、浅地层剖面成像声呐进行探测。（吴自银，2017；Hellequin, et al., 2003；Hollesen, et al., 2011；

Hughes Clarke, et al., 1996; Jing, et al., 2016; Blondel, et al., 1997)

测量信息主要包含距离量测、位置量测、高度量测、面积计算、体积计算等。

1. 距离量测

距离量测为目标物与声呐的基距量测,通过像素数、分辨率与像素精度量测声图中目标物与声呐的基距长度。

2. 位置量测

位置量测通常是在获取目标物与声呐的基距后,通过声呐载体的卫星定位位置,结合载体姿态传感器的航向、横滚、俯仰等参数修正获取目标物在大地坐标上所处的位置。

3. 高度量测

1) 沉底目标量测方法

沉底目标的高度可以根据其斜距和基距的关系确定。声图中声呐回波大小是基于(基距)水平距离进行分析的,声呐实际接收到信号的起始时间是按照声呐和目标的斜距(直线距离的两倍)进行记录的。

2) 凸起目标量测方法

假设声呐距离海底的距离为水深 h,在右舷处声呐以一定的角度照射底面,得到近距点和远距点为声呐的量程范围。在量程内有一坡面地形,其余为平坦地形。声波球面扩散,在声波沿声呐至近距点的直线反射回声呐之前,声波在水中传输,没有强烈的回波信号反射,因此在这段斜距之内回波信号为 0。当声波扩散至近距点之后,代表声波接触到底面进行反射,因此在近距点之后声呐开始接收到回波信号。当声波扩散至坡面顶点后,一部分声波因为被坡面遮挡而形成阴影。直到未被遮挡部分的声波继续扩散至底面时,声呐才继续接收到反射的回波信号。

在图 4-18 的声波图中将近距点设为①,将山坡顶点设为②,将山坡阴影结束处设为③,将远距点设为④,那么各点对应的基距为 d_1、d_2、d_3、d_4。各点对应的斜距为 l_1、l_2、l_3、l_4。根据勾股定理易知:

$$d_1 = \sqrt{l_1^2 - h^2}, \quad d_2 = \sqrt{l_2^2 - (h - \Delta h)^2}, \quad d_3 = \sqrt{l_3^2 - h^2}, \quad d_4 = \sqrt{l_4^2 - h^2}$$

(4-1)

以 c 表示水中的声速,t 表示声呐接受到目标点的时间。若以 t_0 表示声呐正下方回波的到达时间。那么有

$$l = \frac{ct}{2} \quad h = \frac{ct_0}{2}$$

(4-2)

图 4-19 中,若水深为 h,地形的最高点位置的斜距和阴影的长度已知。那么根据勾股定理,则基距为

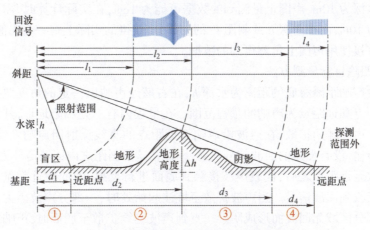

图 4-18 坡面地形侧扫成像声呐图像基距和斜距关系示意图

图 4-19 坡面地形侧扫成像声呐图像基距和斜距关系实例图

$$d = \sqrt{l^2 - h^2}$$

$$\frac{\Delta h}{h} = \frac{l_3 - l_2}{l_3} \tag{4-3}$$

如果近距点和声呐正下方的距离很接近,认为 $h \approx l_1$ 时,可以得到目标的高度:

$$\Delta h = \frac{l_3 - l_2}{l_3} h = \frac{l_3 - l_2}{l_3} l_1 \tag{4-4}$$

值得说明的是,在使用式(4-4)的过程中,水深 h 和斜距 l_1 应为实际数据。

如实际水深为10m,声图上量测到的数据可能为1cm,在实际计算时,需要用到的水深为10m,而在水深 h 或斜距 l_1 的前部分,获得的实际上是一个比值系数,故可以直接使用声图上量测得到的数据。

3) 凹陷目标量测方法

假设声呐距离海底的距离为水深 h,在右舷处声呐以一定的角度照射底面得到近距点和远距点为声呐的量程范围。在量程内有一处凹陷地形,其余为平坦地形。声波球面扩散,在声波沿声呐至近距点的直线反射回声呐之前,声波在水中传输,没有强烈的回波信号反射,因此在这段斜距之内回波信号为0。当声波扩散至近距点之后,代表声波接触到底面进行反射,因此在近距点之后声呐开始接收到回波信号。当声波扩散至坑洼起始处时,一部分声波因为被障碍物遮挡部分区域无回波而形成阴影。直到声波继续扩散至底面时,声呐才继续接收到反射的回波信号。

在图4-20的声波图中将近距点设为①,将坑洼起始点设为②,将坑洼阴影结束处设为③,将远距点设为④,那么各点对应的基距约为 d_1、d_2、d_3、d_4。各点对应的斜距为 l_1、l_2、l_3、l_4。根据勾股定理易知:

$$d_1 = \sqrt{l_1^2 - h^2}, \quad d_2 = \sqrt{l_2^2 - h^2}, \quad d_3 = \sqrt{l_3^2 - (h+\Delta h)^2}, \quad d_4 = \sqrt{l_4^2 - h^2}$$

(4-5)

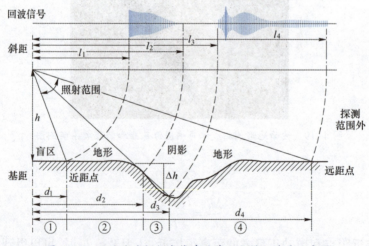

图4-20 凹陷坑洼侧扫成像声呐基距和斜距关系示意图

以 c 表示水中的声速,t 表示声呐接受到目标点的时间。若以 t_0 表示声呐正下方回波的到达时间。那么有

$$l = \frac{ct}{2}, \quad h = \frac{ct_0}{2} \tag{4-6}$$

图 4-21 中,若水深为 h,地形的最高点位置的斜距和阴影的长度已知。那么有基距:

$$d = \sqrt{l^2 - h^2} \tag{4-7}$$

$$\frac{\Delta h}{h} = \frac{l_3 - l_2}{l_2} \tag{4-8}$$

图 4-21 凹陷坑洼侧扫成像声呐基距和斜距实例图

如果近距点和声呐正下方的距离很接近,认为 $h \approx l_1$ 时,可以得到目标的深度:

$$\Delta h = \frac{l_3 - l_2}{l_2} h = \frac{l_3 - l_2}{l_2} l_1 \tag{4-9}$$

同样,在使用式(4-9)的过程中,水深 h 和斜距 l_1 应为实际数据,水深 h 或斜距 l_1 的前部分,可以直接使用声图上量测得到的数据。

4) 悬浮目标量测方法

假设声呐距离地面的距离为水深 h,在右舷处声呐以一定的角度照射底面得到近距点和远距点为声呐的量程范围。在量程内有一悬浮目标,其余为平坦地形。声波球面扩散,因为悬浮目标的高度较高,因此相比近距点,声波最先接触的是悬浮目标。在声波接触悬浮目标之前,声波在水中传输,没有强烈的回波信号反射,因此在这段斜距之内回波信号为 0。当声波扩散接触悬浮目标后,声波开始进行目标的反射,因此在此之后声呐开始接收到回波信号。当声波扩散至悬浮目标的最大径向宽度时,余下的声波因为没有遇到反射物而继续扩散不进行反射形成阴影。直到声波继续扩散至近距点时,声呐才继续接收到反射的回波信号。其后因为一部分声波被悬浮目标遮挡,因此声呐接收不到回波形成阴影。再之后在悬浮目标的阴影之外声呐继续接收到地形的回波信号直至远距点。从该例中可以看到,悬浮目标的阴影和悬浮目标不相接,这是声呐识图中判别悬浮目标的一个重要特征。

在图 4-22 的声波图中各点对应的基距为 d_1、d_2、d_3、d_4、d_5、d_6。各点对应的斜距为 l_1、l_2、l_3、l_4、l_5、l_6。根据勾股定理易知：

$$d_1 = \sqrt{l_1^2 - h^2}, \quad d_2 = \sqrt{l_2^2 - (h - h_1)^2},$$
$$d_3 = \sqrt{l_3^2 - (h - h_2)^2}, \quad d_4 = \sqrt{l_4^2 - h^2} \tag{4-10}$$

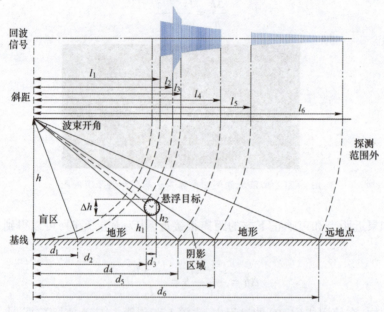

图 4-22 悬浮目标图像的基距和斜距关系示意图

以 c 表示水中的声速，t 表示声呐接受到目标点的时间。若以 t_0 表示声呐正下方回波的到达时间。那么可以得到

$$l = \frac{ct}{2}, \quad h = \frac{ct_0}{2} \tag{4-11}$$

悬浮目标的上下两个端面距底高度分别是 h_2 和 h_1，而且如果近距点和声呐正下方的距离很接近，认为 $h \approx l_1$ 时，可以得到目标的高度：

$$\Delta h = h_2 - h_1 = \left(\frac{l_5 - l_2}{l_5} - \frac{l_4 - l_2}{l_4} \right) h = \frac{l_2 l_5 - l_2 l_4}{l_4 l_5} l_1 \tag{4-12}$$

同样，在使用式（4-12）的过程中，水深 h 和斜距 l_1 应为实际数据，水深 h 或斜距 l_1 的前部分，可以直接使用声图上量测得到的数据。

5）掩埋目标量测方法

掩埋目标声图通常包含三维合成孔径成像声呐图像和浅地层剖面成像声

呐声图,本文重点介绍三维合成孔径成像声呐图像。

三维合成孔径成像声呐向水下发射声波,当声波扩散接触地形后,声波开始进行目标的反射,因此在此之后声呐开始接收到回波信号。当部分声波穿透地层遇到掩埋物产生反射回波时,在响应的斜距上会留下掩埋目标的声波信号。直到声波继续扩散至远距点时,声呐才不再继续接收到反射的回波信号。因为通常情况下,掩埋目标缺少阴影特征,在声图中掩埋目标的信号混杂在地形信号之间。

通过斜距我们可以推断掩埋目标的大小,但单纯利用三维合成孔径声呐直接确定掩埋目标的埋深和位置有一定难度。虽然三维合成孔径成像声呐可以对目标深度进行探测,但为提高数据准确度,需将三维合成孔径成像声呐获取的目标深度与高频下视多波束成像声呐获取的高精度地形水深数据进行作差计算,最终获取准确的目标埋深。

图 4-23 和图 4-24 可以看到,掩埋目标有深度波动情况,此类图片是为方便对目标埋深进行判读而制作,图像的横轴和纵轴比例不同,为方便观察目标掩埋深度将纵轴坐标间隔比例调大了许多,实际的横轴 0 点至最远点长度一般为 400m,实际的纵轴 0 点至最远点长度一般为 7m,实际缆线的埋深波动在合理范围内。

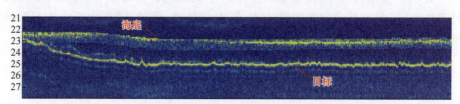

图 4-23 掩埋电缆目标三维合成孔径成像声呐声学图像实例

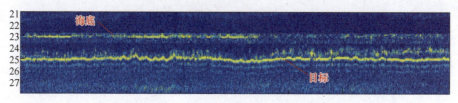

图 4-24 掩埋油管目标的三维合成孔径成像声呐声学图像实例

4. 面积计算

通过二维平面图像量测的目标长度与宽度信息对目标所占面积进行计算。

5. 体积计算

通过三维体数据量测的目标高度信息,结合二维声图两侧的目标长度与宽度信息对目标所占体积进行计算。

4.3 小　　结

本章主要针对声学图像的形状特征、尺寸特征、纹理特征、阴影特征、色调和颜色特征和相关体特征,及其声学图像中的距离量测、位置量测、高度量测、面积计算和体积计算进行了介绍。通过上述图像主要特征解译和信息测量,可以更好地理解声学图像中所包含的信息和提取更为准确的数据,提取出目标的有关信息。

其中,针对声学图像的形状特征和尺寸特征通常用于目标基本几何属性的描述,声学图像中的纹理特征和阴影特征主要用于提供目标表面的材质信息以及目标处于水下环境中的空间位置信息,声学图像中的色调和颜色特征以及相关体特征,可以进一步提供目标的运动状态、密度等多方面信息。针对声学图像中的距离量测方法,主要包括单程时间差法、回声交叉法等,可以用于测量目标与探测器之间的距离;声学图像中的位置量测和高度量测方法,可被用于确定目标的空间位置和尺寸;声学图像中的面积计算和体积计算方法,可被用于评估目标的大小和形状。

在实际应用过程中,需要深入了解声学图像的各种特征解译、各种量测和计算方法,同时也需要加强边缘检测、形态学处理、图像分割、边缘检测等图像处理方法学习,以便更好地从声学图像中提取目标的有关信息。

第 5 章
声图结构与特征解译应用

◎5.1 单波束侧扫成像声呐声图解译

■ 5.1.1 声图结构解译

侧扫成像声呐及合成孔径声呐通常搭载在水面载体或水下载体上,可用于水下地形地貌探测及水下目标搜索,常规扫测量程多在 300m 以内。声呐将每一发射周期内的接收数据一线接一线地纵向排列,显示在显示器上,就构成了二维海底地貌声图。声图平面和海底平面呈逐点映射关系,声图的亮度包含了海底的特征。声波的发射基阵以一定的俯仰角和左右两个扇面向两侧水体中发射声波脉冲信号,其声波声图对应关系如图 5-1 所示。

图 5-1 单波束侧扫成像声呐与合成孔径侧扫成像声呐声波声图对应关系图
(a)声呐发射波束各区域示意图;(b)声图各区域示意图。

单波束侧扫成像声呐与合成孔径侧扫成像声呐的声图中通常包括盲区、水柱区和声波照射区三部分区域(图5-1)。灰色部分为盲区,即侧扫成像声呐的声波覆盖不到的范围,通常来说该范围很小,可以忽略;蓝色区域为水柱区,即因为回波时间间隔太短而没有水底回波的区域,如果该区域内有悬浮目标,也会反应在侧扫成像声呐图像的水柱区;黄色区域为声波照射区,该区域的反射声波被声呐接收到之后,会呈现出水底的地貌特征。(王晓,2017;许枫,等,2001;Yang, et al. ,2021)

图5-2给出了单波束侧扫成像声呐声图结构示意图,声图正中间有一根声呐的轨迹线,也称航迹线,这条线是量测声图两侧目标距离、目标位置、目标高度、拖体(UUV)高度的基准线;在轨迹线外侧的纵向连续曲线称为海底线,海底线反映海底起伏形态,海底线与轨迹线之间的间距变化显示拖体距底高度变化;在两侧海底线外侧横向连续排列的直线称为扫描线,扫描线由像素点组成,形成声波照射区域,像素点随声波信号的强弱变化而产生灰度强弱的变化,扫描线的像素点灰度强弱反映目标和地貌图像;在两条海底线之间的区域,称为水柱区,该区域的形成是因为侧视声呐波束是左右舷侧向发射的,换能器正下方一定范围内回波时间间隔太短,故中间一定范围内没有回波,该区域即为水柱区。(盛子旗,等,2021;Becker, et al. ,2013;Belcher, et al. ,2002;Chapple,2009;Hover, et al. ,2007;Jin, et al. ,1996;Jun, et al. ,2007;Klepsvik, et al,1982)

图5-2 单波束侧扫成像声呐声图结构示意图

5.1.2 解译应用案例

1. 沙纹

1) 凸起沙纹地貌案例一

图5-3给出的是2021年利用侧扫成像声呐获取的水下地形地貌声呐图

像。该声图成像海域水深约为 20m,声呐工作频率 600kHz,航速 3~4kn,安装角度 60°,开角 45°。

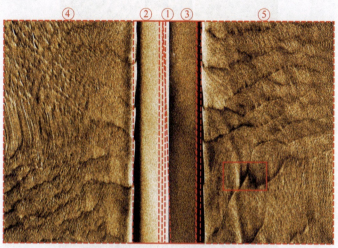

图 5-3 侧扫成像声呐沙纹地貌声图一

(1) 声图结构分析。为方便声图解译,对声图进行了 5 个区域的划分(图 5-3):①为声呐航线,声呐从下向上行进,图像纵向排布;②为声呐左舷的水柱区,是左舷的声波发射但是还没有照射到底面的部分;③为声呐右舷的水柱区,是右舷的声波发射但是还没有照射到底面的部分;④为左舷探测得到的地貌图像,②和④之间的边界线为照射的近距点,是声呐声波最先照射到底面的回波,图 5-3 中可以看到该探测区域的地貌有起伏,照射区域没有明显的目标物,但可以看到多条黑色弯曲的阴影,这符合沙纹的形状特征和纹理特征,故判读为沙纹地貌;⑤为右舷探测得到的地貌图像,③和⑤之间的边界点为照射的近距点,是声呐声波最先照射到底面的回波,图 5-3 中可以看到该探测区域的地貌有起伏,同样该照射区域没有明显的目标物,但可以看到多条黑色弯曲的阴影,同样符合沙纹的形状特征和纹理特征。

(2) 声图判读分析。根据声图结构和内容,结合形状特征和纹理特征分析,可以判断该区域为沙纹地貌。以声图右侧区域⑤中的典型沙纹为例(红框中阴影),若图中的水柱区宽度(斜距)l_1 为 2cm,沙纹最右侧斜距 l_3 为 3.0cm,沙纹最短处斜距 l_2 为 1.9cm,根据声图特征高度量测方法可知,沙纹阴影代表的实际高度约为 7.3m。

2) 凸起沙纹地貌案例二

图 5-4 给出的是 2019 年利用船载侧扫成像声呐获取的水下地形地貌声呐图像。该声图成像海域水深约为 20m,声呐工作频率 600kHz,航速 3~4kn,安装角度 60°,开角 45°,声呐成像时风力弱,船只运行轨迹波动受波浪影响较小。

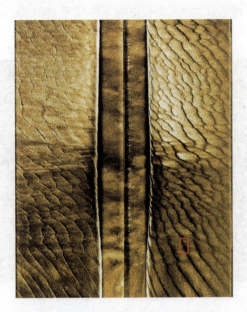

图 5-4 侧扫成像声呐沙纹地貌声图二

从图中可以看出,声呐从下向上行进,图像纵向排布。通过图像内容结合形状特征和纹理特征分析,判断这个地貌为沙纹地貌。从声图中可以看出,沙子呈波浪状分布,但是起伏不大,水柱区宽度较为均匀。

根据量测,图中的水柱区宽度(斜距)为 1.5cm。以声图右侧区域为例,取声图右下角区域一个沙纹为例(见红框),计算沙纹堆起的高度,该沙纹阴影的左侧斜距为 4cm,阴影右侧斜距为 4.3cm,根据声图特征高度量测方法可知,沙纹高度约为 1.4m。

3)凹陷沙纹地貌案例三

图 5-5 给出的是 2021 年利用船载侧扫成像声呐获取的水下地形地貌声呐图像。该声图成像海域水深约为 20m,声呐工作频率 600kHz,航速 3~4kn,安装角度 60°,开角 45°。

根据图像内容,结合形状特征和纹理特征分析,可以判断该区域为沙纹地貌。以声图左侧区域的某沙坑(红色方框标识区域)为例,由图中可见,该区域先有黑色阴影区域,后为强反射区域。若图中的水柱区宽度(斜距)l_1 为 2cm,沙坑最左侧斜距 l_3 为 5.2cm,沙纹最右侧斜距 l_2 为 4.7cm,根据声图特征高度量测方法可知,图像左侧沙坑的实际深度约为 1.92m。

4)凹陷沙纹地貌案例四

图 5-6 给出的是 2018 年利用船载侧扫成像声呐获取的水下地形地貌声呐

图像。该声图成像海域水深约为15m,声呐工作频率600kHz,航速3~4kn,安装角度60°,开角45°,声呐成像时风力弱,船只运行轨迹波动受波浪影响较小。

图 5-5 侧扫成像声呐沙纹地貌声图三

图 5-6 侧扫成像声呐沙纹地貌声图四

根据图像内容,结合形状特征和纹理特征分析,可以判断该区域为沙纹地貌。对比上一案例中的沙纹声图,可以看出该海域沙子起伏较大,导致水柱区的宽度也跟着起伏变化,水柱区越窄的地方,沙子堆积的高度越高,船只距底高度就越小。在声图的最右侧,能明显看到有波浪形的波纹。

声图中水柱区宽度在不断变化,取一条平均宽度线作为水柱区的边界线,根据该线的位置测量水柱区的宽度,可得图中的水柱区宽度(斜距)l_1为1cm。以声图左侧区域红框中的沙坑为例进行量测,其最短处斜距为4cm,最长处斜距为 4.6cm,根据声图特征高度量测方法可知,声图左侧红框中的沙坑的实际深度约为 1.96m。

2. 光缆

1)沉底光缆案例一

图 5-7 给出的是 2019 年利用船载侧扫成像声呐获取的水下沉底光缆声呐图像。本次作业设备采用挂船的形式,通过安装支架将设备固定在船只底部,水深 20m,声呐工作频率 600kHz,航速 3~4kn,试验时风力弱,船只的运行轨迹波动受波浪影响较小。左右两侧的侧扫成像声呐的安装位置使得波束中心对称且开角为 120°,侧扫成像声呐的波束开角为 45°。

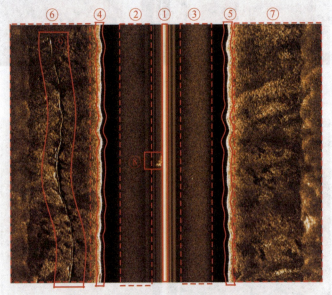

图 5-7 侧扫成像声呐沉底光缆声图一

(1)声图结构分析。为方便解读,将该图分为 9 个区域(图 5-7):①为声呐的轨迹线,声呐从下向上行进,图像为自上而下的瀑布式显示;②为声呐左舷的水柱空间,是左舷的声波发射但是还没有照射到底面的部分;③为声呐右舷的水柱空间,是右舷的声波发射但是还没有照射到底面的部分;④为左舷的近距点地貌;⑤为右舷的近距点地貌;⑥为左舷探测得到的地貌图像;⑦为右舷探测得到的地貌图像;⑧为水柱区照射到的水中悬浮物(如鱼等目标);⑨为左侧地貌图像中探测到的光缆目标,可以看到光缆为亮斑,在光缆两侧有光缆埋沟的阴影,这符合光缆埋设的特点。右舷的地貌图像中没有明显的目标物。

(2)声图判读分析。根据图像内容,结合形状特征、阴影特征和纹理特征进行分析,可以判断该声图左侧区域⑨为部分裸露出海底的光缆。

图中的水柱区宽度(斜距)l_1 为 3cm,声图中光缆中央处埋沟的最右侧斜距 l_3 为 4.6cm,其对应的光缆处斜距 l_2 为 4.8cm,据声图特征凹陷目标信息量测方法,可知声图左侧光缆埋沟的实际深度约为 0.87m。

2) 沉底光缆案例二

图 5-8 给出的是侧扫成像声呐声图,本次作业环境和条件与沉底光缆案例一相同。图中的水柱区宽度不同,右侧水柱区要宽于左侧,说明右侧水深较左侧更深。在左右两侧水柱区中,存在较多离散亮斑,疑似为水中游动的鱼类;在水柱区中可以看到较多的条纹状干扰,疑似电磁干扰或其他声干扰。

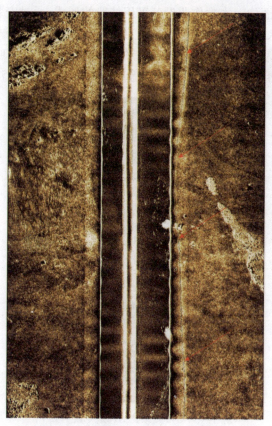

图 5-8 侧扫成像声呐沉底光缆声图二

在左侧区域(不包含水柱区)的上方和下方有较集中的亮斑和阴影,中间部分有零散的亮斑和阴影,根据声图特征中的形状特征,判断其为礁石。在右侧区域(不包含水柱区)的中间靠右部分,有较为集中的亮斑,疑似为礁石。在右侧区域的左侧,靠近水柱区的位置,有上下贯穿全图的曲线,根据形状特征及先验信息判断,该曲线为裸露于海底的光缆。

声图中水柱区宽度(斜距)l_1为2.4cm,声图中未见光缆左侧有明显阴影,判断光缆为裸露且突出于海底表面,光缆的最左侧斜距l_2为3.6cm,光缆的最右侧斜距l_3为3.65cm,根据声图特征凸起目标信息量测方法,可知声图左侧光缆的高度约为0.21m。

3. 电缆

1) 沉底电缆案例一

图5-9给出的是利用船载侧扫成像声呐开展风电掩埋电缆勘测工作的水下沉底电缆声呐图像。本次作业设备采用挂船的形式,通过安装支架将设备固定在船只底部,水深20m,声呐工作频率600kHz,航速3~4kn,试验时风力弱,船只的运行轨迹波动受波浪影响较小。左右两侧的侧扫成像声呐的安装位置使得波束中心对称且开角为120°,侧扫成像声呐的波束开角为45°。

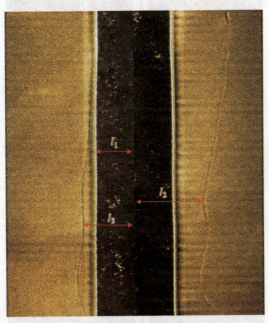

图5-9 侧扫成像声呐沉底电缆声图一

在本次扫测过程中,左右两侧的声图结果中都可以发现有线缆的存在。对于右侧的线缆,只能看到线缆的大致走向,根据缆线左侧有阴影,并且整个形状呈现出一个连续的线缆形式,可以初步判断是一条掩埋在沙沟面下的电缆。对于左侧的线缆,相比右侧有一个更为明显连续的线缆形状,并且在缆线左侧处可以发现有单向的阴影,因此可以判断为沉底线缆。左侧线缆相比于右侧线缆更为清晰,但缆线下部走向区域在近距点交界处消失,初步判断可能是由于该线缆部分进入了侧扫成像声呐水柱区,即近距点和垂直点之间的阴影区中。

假设声呐到海底的距离为水深 h,在右舷处声呐以一定的角度照射底面得到近距点和远距点为声呐的量程范围,声图中体现为到近距点 2cm 的距离 l_1 即为水深 h,其中到右侧电缆的距离 $l_2 = 3.5$cm,到左侧电缆的距离 $l_3 = 2.5$cm,根据声图特征信息量测方法,从水深 20m 推算得到左右两侧的线缆到声呐的距离分别为 15m 和 28.73m。

2) 沉底电缆案例二

图 5-10 给出的是侧扫成像声呐声图,本次作业环境和条件与沉底电缆案例一相同。在右侧声呐图像中可以发现有海底线缆放置塔以及相关线缆的存在。对于线缆部分,根据线缆处右侧上部②处有一缆线,及其和线缆本体相连的连续阴影,可以判断这是一条沉底线缆,并能够比较清晰地看到线缆的形状,沉底线缆与沙面上路由形状之间存在明显连接关系。在路由下方,存在三条分散出的小线缆,根据小线缆右侧存在阴影,判断是 3 条沉底线缆。要注意的是,放置塔的柱状构造高度较高,在声图中放置塔柱子的阴影非常长,而且柱子的顶端部分超出了水陆分界面。

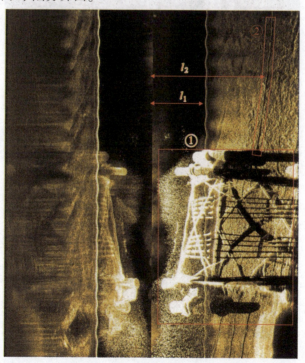

图 5-10 侧扫成像声呐沉底电缆声图二

声图右侧的沉底电缆虽然和放置塔柱子的阴影有交接,但是和柱子本体并不相连,如果线缆和柱子中央相连接,那么阴影应该含有阴影和线缆分离的悬浮缆特点。声图左侧地貌处,存在有很明显的波纹,可能是由于右侧放置塔的存在干扰了侧扫声呐探测成像,从而导致了声波波动,存在一定的障碍干扰。

假设声呐到地面的距离为水深 h,由于侧扫成像声呐放置的角度比较小,可近似将声呐到近距点的距离 l_1 视为水深 h,即 $h = l_1 = 20\text{m}$,在声图中距离 l_1 为 2cm,距离 l_2 为 5cm。根据声图特征信息量测方法,从水深 20m 推算得到右侧线缆到声呐的距离约为 46m。

3)沉底电缆案例三

图 5-11 给出的是在水深 20m 海域的侧扫成像声呐图像,作业环境和条件与沉底电缆案例一相同。可能是由于声呐频率的原因,声呐图像分辨率比较低,整个图像都是一种比较模糊的状态,此外在声呐探测的水柱区存在较为明显的电干扰的影响,可能是由于探测海域周围设备比较多的原因或者由于声呐频率较高(声呐工作频率为 600kHz)而导致的结果。但整体看来,线缆的形状和位置还是很清晰的,不影响实际判图。

图 5-11　侧扫成像声呐沉底电缆声图三

左侧声图探测范围中有一条明显的裸露电缆,其电缆的左右两侧均有阴影,因此可以初步判断该电缆处于缆沟内,但在线缆中间还出现了一段小的中断,其原因初步判断为沙面对线缆的掩埋造成的结果。

假设声呐到地面的距离为水深 h,由于侧扫成像声呐放置的角度比较小,因此可以近似将声呐到近距点的距离 l_1 视为水深 h,即 $h=l_1=20m$,并且在图像中以比例尺的形式体现为 $l_1=2cm$,声呐到缆线的距离 $l_2=2.5cm$,根据声图特征信息量测方法,从水深 20m 推算得到左侧线缆到声呐的距离约为 15m。

4)沉底电缆案例四

图 5-12 给出的是水深 20m 海域的侧扫成像声呐图像,本次作业环境和条件与沉底电缆案例一相同。声图右侧探测范围中有一条明显的沉底电缆,右侧声图中电缆右侧存在阴影而左侧为亮面,因此可以判断为一条沉底线缆且位于沙面上。尽管声图中具有比较明显的电干扰,但是由于其主要出现在水柱区并不影响实际应用。

声图中,线缆到声呐的距离在图像中假设平均反映为 10cm,近距点到声呐的距离在图像中平均反映为 2cm。根据声图特征信息量测方法,从水深 20m 推算得到左侧线缆到声呐的距离约为 97.8m。

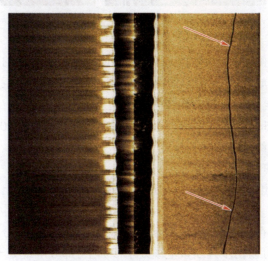

图 5-12 侧扫成像声呐沉底电缆声图

5)沉底电缆案例五

图 5-13 给出的是在水深 10m 海域的侧扫成像声呐图像,作业环境和条件与沉底电缆案例一相同。由图中可见,左侧侧扫成像声呐的探测范围中有一条明显的沉底电缆影像。图中部分电缆区域的两侧均存在声学阴影,因此可以判

断为该部分电缆区域应处于沟渠内,而部分电缆区域的阴影并未与电缆区域相邻或无阴影区域,可初步判断该电缆处于沙面上,或部分电缆处于海床之下,为掩埋电缆段。右侧侧扫成像声呐的探测范围中有一条明显的横向阴影区域,其为风电桩。声图整体十分清晰,背景的沙纹等地貌特征较为明显。

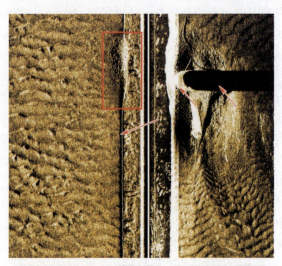

图 5-13　侧扫成像声呐沉底电缆五

对于声图左侧箭头标识的电缆来说,若假设声呐到地面的距离为水深 h,考虑侧扫成像声呐放置的角度比较小,则可以近似将声呐到近距点的距离 l_1 视为水深 h,即 $h=l_1=10m$,并且在图像中以比例尺的形式体现为 $l_1=1cm$ 且声呐到缆线的距离 $l_2=5cm$。根据声图特征信息量测方法,从水深 20m 推算得到左侧线缆到声呐距离约为 49m。

6) 沉底电缆案例六

图 5-14 给出的是在水深 10m 海域的侧扫成像声呐图像,作业环境和沉底电缆案例一相同。在声图左侧有一条明显的沉底电缆,在图中标注为①。图中电缆部分两侧均存在阴影,可以判断为电缆处于沟渠内,部分电缆的阴影并不接触电缆,因此可以初步判断该电缆处于沙面上,部分电缆处于沙底之下,为掩埋电缆。左侧侧扫成像声呐的探测范围中有一条明显的横向阴影区域,其为风电桩。

假设声呐到地面的距离为水深 h,由于侧扫成像声呐放置的角度比较小,因此可以近似将声呐到近距点的距离 l_1 视为水深 h,即 $h=l_1=10m$,并且在图像中以比例尺的形式体现为 $l_1=2cm$ 且声呐到缆线的距离 $l_2=6cm$,根据声图特征信息量测方法,从水深 20m 推算得到左侧线缆到声呐的距离约为 28.5m。

图 5-14 侧扫成像声呐沉底电缆六

7) 沉底电缆案例七

图 5-15 给出的是在水深 10m 海域的侧扫成像声呐图像,作业环境和条件与沉底电缆案例一相同,根据前期调查得知电缆直径为 12cm。声图中可看出靠近水柱区位置有一根海缆,地貌上观察遍布岩石,故判断此处地层较为坚硬且多为岩石底质,表面附着薄淤泥故布缆机无法对类似位置进行挖沟,电缆只能沉底铺设,一般沉底电缆都会对其表面加盖压块进行保护,此未有压块铺设痕迹故判断应该是施工过程中才发现的底质问题,且工程结束后应会有相应保护措施对其重新施工。

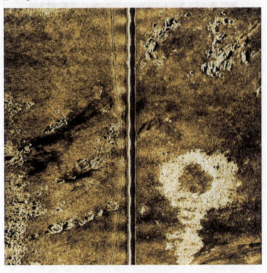

图 5-15 侧扫成像声呐沉底电缆七

8）悬空电缆案例

悬空电缆侧扫成像声呐图像一至图像四（图 5-16~图 5-19）分别给出了针对悬空段电缆（前期调查得知此电缆直径为 12cm）的侧扫成像声呐图像，在声图上可以看到阴影和目标分离的现象，且多分布于电缆放置在硬质的礁石上，主要是由于礁石表面不平整时，导致电缆悬空。

图 5-16　悬空电缆侧扫成像声呐图像一

图 5-17　悬空电缆侧扫成像声呐图像二

图 5-18　悬空电缆侧扫成像声呐图像三

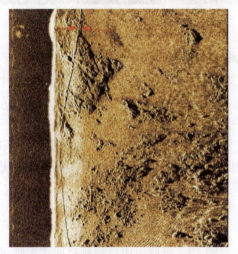

图 5-19　悬空电缆侧扫成像声呐图像四

4. 管道

图 5-20 给出的是利用船载侧扫成像声呐获取的水下沉底管道声呐图像。本次作业设备采用挂船的形式,通过安装支架将设备固定在船只底部,近海水深 20m,声呐工作频率 600kHz,航速 3~4kn,试验时风力弱,船只的运行轨迹波动受波浪影响较小。左右两侧的侧扫成像声呐的安装位置使得波束中心对称且开角为 120°,侧扫成像声呐的波束开角为 45°。

声图中右侧①为探测到的管线目标,而左侧声图中没有明显的目标物。②为声呐航线,声呐从下向上行进,图像纵向排布。从声图结果来看,管线的形状能看到一条白线。管线到声呐的平均距离在图像中约为 5cm,近距点到声呐的距离在图像中平均反映为 3cm。根据声图特征信息量测方法,从水深 20m 推

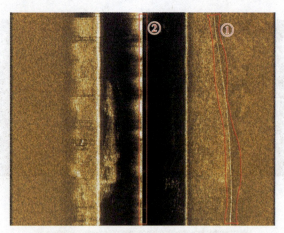

图 5-20　裸露海管

算得到右侧管线到声呐的距离约为 26.7m。

需要注意的是,因为声图中反映的只是管线和声呐的相对位置关系,实际中声呐运动很难控制为一条直线,因此在实际情况中管线可能是笔直的,导致管线在图像上弯曲的原因是船只的航行轨迹不是直线。

此外,根据调查资料中的经验得出结论,近海海域的管道目标一般都较粗,且基本都处于掩埋状态,因此在声图中观测到的大都是管道上顶端裸露部分,从而难以观测清晰阴影。

5. 沉船

1)沉船案例一

图 5-21 是在水深约 10m 海域使用高频侧扫成像声呐进行大型沉船试验勘探获取的声呐图像,本次作业设备采用挂船的形式,将声呐安装在船只两侧,声呐工作频率 600kHz,安装角度 60°,开角 45°,水深 10m,试验时风力弱,船只的运行轨迹波动受波浪影响较小,航速 3~4kn。

图 5-21　沉船侧扫成像声呐图像案例一

(1)声图结构分析。为更好地理解图5-21,将图片划分为7个区域如下:①为声呐航线,声呐从下向上行进。图像纵向排布;②为声呐左舷的水柱区,是左舷的声波发射但是还没有照射到底面的部分;③为声呐右舷的水柱区,是右舷的声波发射但是还没有照射到底面的部分;④为左舷探测得到的地貌图像,②和④之间为照射的近距点,是声呐声波最初照射到底面的回波,从图5-21中可以看到该探测区域的地貌是平坦的。⑤为右舷探测得到的地貌图像,③和⑤之间为照射的近距点,是声呐声波最初照射到底面的回波;⑥为右舷探测到的沉船目标,从阴影和目标形状可以清晰地看到沉船的形状;⑦为左舷探测到的地貌图像。

(2)声图判读分析。在声图区域⑥中,存在两个明显的物体区域,根据形状特征,判断两者皆为沉船。此区域水深10m,在图中的水深量测长度约为1cm,即水柱区的宽度为1cm。上方船只距声呐航迹线的最近距离为2.5cm,最远距离在图像中为5.5cm,根据声图特征信息量测方法,计算得到上面船只的实际长度约为31m;下面船只距声呐的最近距离在图中量测长度为3.5cm,最远距离为7.5cm,计算得到下面船只的实际长度约为41m。

2) 沉船案例二

从图5-22给出的侧扫成像声呐声图左侧部分,可以看到一个长条状的龙舟影像。声图整体亮度偏暗,以黑色表示回波较弱的区域,如阴影;用灰色表示回波正常的部分,如背景;用亮色表示回波较强的区域,如龙舟边缘和龙舟的横梁。从声图看到目标高亮区域呈长条状,由右下至左上分布,对应阴影区域由右下至左上分布。但由于声图背景颜色过于暗,与阴影的区分度不是很大,导致龙舟目标遮挡声波所形成的阴影区域相较于背景不是很明显。此外,阴影区域的面积小于龙舟区域的面积,可以推断出龙舟底部掩埋在了水底,裸露出来的部分较少。同时在声图底部,可以看到部分架子,并且在声图中也可以看到一些水底地貌特征,如沙丘、沙纹等。

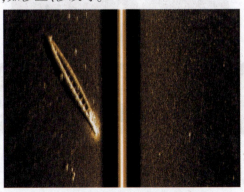

图5-22 沉底龙舟侧扫成像声呐图像案例二

3）沉船案例三

图 5-23 是对水下沉船目标侧扫成像声呐图像,该海域水深约为 10m,声图成像顺序由下至上,声呐工作频率 600kHz,航速 3~4kn,安装角度 60°,开角 45°。

图 5-23　沉船侧扫成像声呐图像案例三

根据声图内容,结合形状特征和纹理特征进行分析,判断该声图主要表征的是沙纹地貌,在左侧沙纹上有一艘沉船。以声图左侧区域(红色方框标识区域)为例,该区域先有强反射区域,后有黑色阴影区域,故判断该沉船为凸起在沙纹地貌上。若声图的水柱区宽度(斜距)l_1 为 1cm,沉船阴影最左侧斜距 l_3 为 10cm,沉船最右侧阴影斜距 l_2 为 7cm,根据声图特征信息量测方法,声图左侧沉船凸起的实际高度约为 3m。

4）沉船案例四

图 5-24 是古代沉船侧扫成像声呐图像,该海域水深约为 6m,声图成像顺序由下至上,声呐工作频率 600kHz,航速 3~4kn,安装角度 60°,开角 45°。

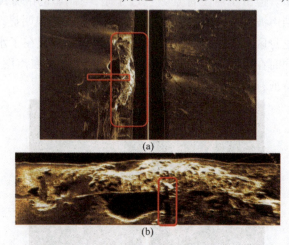

图 5-24　古代沉船侧扫成像声呐图像四
(a) 古代沉船声图侧扫成像声呐图像;(b) 古代沉船放大图(桅杆)侧扫成像声呐图像。

根据图像内容,结合形状特征和先验信息,判断在声图左侧区域,靠近水柱区位置有一古代沉船(红色方框标识区域)。将左侧沉船影像放大并旋转得到图 5-24(b),可清晰查看到船两侧船舷、船中多条结构横梁,以及一个较长桅杆的阴影。

5) 沉船案例五

图 5-25 是经过裁剪,只保留了沉船目标部分的声图。声图整体颜色背景为红褐色,在声图上方部分,存在着明暗条纹交替出现和扭曲现象,基本排除为自然现象,可初步判断为电干扰。

图 5-25　沉船侧扫成像声呐图像五

声图上方黑色区域(水柱区域)和红色地貌区域之间有明显的亮面分界线,所以声呐的运动轨迹应该是水平方向;加之阴影部分处于图片下方,有一部分超出声图范围,可推断声呐位于声图上方;此外,由于船只右侧阴影明显高于船只左侧断裂处阴影,可推测声呐位置在右侧时远离沉船目标,而在左侧断裂处接近沉船位置。

虽然该声图分辨率较低,但可基本看到图像边缘特征,船体轮廓相对于背景较为突出,一些具体细节也可以分辨。例如,根据声图形状特征判定船头靠近右下,左上船尾部分存在阴影区域,可判断为沙坑,即船体沉没时造成的地貌;从船只长宽比接近 4∶1 来推断该船只失事后损毁严重,但保留基本框架,船只后半部分基本消失,其他地方形变也十分严重,船头部分并不是十分清晰。此外,从该声图中无法获取水深等参照物的相关信息,无法对船体尺寸、失事位置等做出判断。

6) 沉船案例六

(1) 声图结构分析。为更好地理解图 5-26,将图片划分为 4 个区域如下:①为右舷探测到的沉船目标,从阴影和目标形状可以清晰地看到沉船的形状;

②为声呐左右舷的水柱空间,是左右舷的声波发射但是还没有照射到底面的部分;③为左舷探测得到的地貌图像;④为右舷探测得到的地貌图像。

(2)声图判读分析。图 5-26 色彩明亮,明暗对比适中,图片整体较为清晰,无噪声、横纹等干扰,是一张十分清晰的侧扫成像声呐图片。声图中船身受声波照射的位置反射强烈,阴影对比明显。侧扫成像声呐右侧探测范围中有一条船只的影像,目标轮廓清晰、特征明显,细节部分较为清晰,在船只中下部有着亮度明显较高的区域,可推断为船上的主船体,而上半部分为平坦甲板,下半部分船体轮廓并不连续,可判断该船体有一定受损。从船只和阴影形状可看到,船只首尾方向和声呐轨迹处于相平行的方位上,船体两端的声图均较为尖锐,难以判断船只首尾,但根据甲板所在方位,判断船头所在方向为右上方位;此外,通过船体高低形成的阴影部分,也可以得到船体后半部分受损严重的结论。从该声图中无法获取水深等参照物相关信息,所以无法对船体的尺寸、失事位置做出具体判断。

图 5-26 沉船侧扫成像声呐图像六

7)沉船案例七

图 5-27 是侧扫成像声呐扫描得到的海床目标图像,该声呐量程设置为 150m,水深约 36m,拖航速度为 5kn。该声图中的目标是一艘沉船,图片经过裁剪,只保留了具有目标的部分,图片整体亮度适中,以黑色表示回波较弱的区域,如阴影;用暗黄色表示回波正常的部分,如背景;用亮黄色表示回波较强的区域,如船身边缘。

通过声图中船只和阴影位置关系,可以推测声呐位置在图片上方,声呐运动方向为由左向右或由右向左。声图中船身受声波照射的位置反射强烈,阴影与高亮部分界线清晰,易于观察;声图整体清晰度高,无明显的噪声干扰,分辨率高,船只轮廓清晰,特征明显,船只具体细节均很清晰,可清晰地识别船体裸露的结构,但难以分辨船舶类型。

图 5-27　沉船侧扫成像声呐图像案例七

从船身周围海床成像来看,成像纹理较为均匀,无明显突起物,可判断该海域为均质海床;声图下半部分海床纹理颗粒度较大,总体分布均匀,该海域为岩石可能性较小;另外从船首船尾的声图形状特征来看,不符合大型船舶典型艏艉结构;从阴影特征来看,船舶中部拱起,有明显桅杆结构,因此推断该目标为类似于渔船的中小型沉船目标。由于从该声图中无法获取水深等参照物的大小信息,所以无法对船体的尺寸、失事位置做出具体判断。

6. 缆沟锚链

图 5-28 给出的是 2021 年利用船载侧扫成像声呐获取的水下地形地貌声呐图像。本次作业设备采用挂船的形式,通过安装支架将设备固定在船只底部,水深 20m,声呐工作频率 600kHz,航速 3~4kn,试验时风力弱,船只的运行轨迹波动受波浪影响较小。左右两侧的侧扫成像声呐的安装位置使得波束中心对称且开角为 120°,侧扫成像声呐的波束开角为 45°。

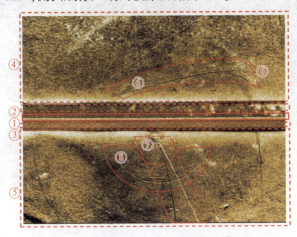

图 5-28　侧扫成像声呐缆沟锚链声图

(1) 声图结构分析。为方便判断,对图 5-28 进行了 8 个区域的划分:①为声呐航线,声呐从左向右运动,本图片为水平排布;②为声呐左舷的水柱区,是左舷的声波发射但是还没有照射到底面的部分;③为声呐右舷的水柱区,是右舷的声波发射但是还没有照射到底面的部分;④为左舷探测得到的地貌图像,②和④之间边界点为照射的近距点,是声呐声波最先照射到底面的回波;⑤为右舷探测得到的地貌图像,③和⑤之间边界点为照射的近距点,是声呐声波最先照射到底面的回波;⑥为左舷探测的地貌中出现的沟痕;⑦为右舷探测的地貌中出现的锚链及其阴影,目标形状清晰易于判别,从阴影和目标的关系可知锚绳固定在地面上且其余部分悬空;⑧为右舷探测的地貌中出现的沟痕。

(2) 声图判读分析。根据图像内容,结合形状特征、纹理特征和相关体特征进行分析,可以判断该声图表征的是缆沟。以声图下侧区域⑧为例,图中的水柱区宽度(斜距)l_1 为 2cm,缆沟区域⑧中缆沟最下端的阴影最远端斜距 l_3 为 4.9cm,最近端斜距 l_2 为 4.8cm,根据声图特征信息量测方法内容,区域⑧中缆沟的实际深度约为 0.4m。

7. 飞机残骸

1)飞机残骸案例一

图 5-29 是 2012 年秋天由波兰海军在韦巴附近使用侧扫成像声呐扫描得到的 Junkers Ju-88 飞机残骸图像,图像经过裁剪,只保留了飞机残骸的主体区域。

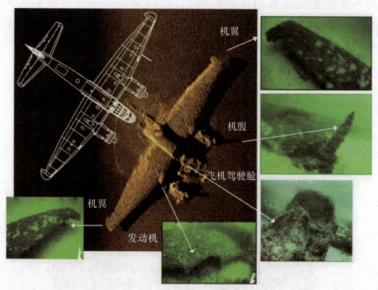

图 5-29 飞机残骸侧扫成像声呐图像一

声图整体色调偏黄色,目标以外区域呈暗黄色,较目标主体区域有较大差别,表示此区域回波强度较弱。根据反射体材质和反射面形状对声波的不同反射特性,可初步判断暗部区域为自然沙质海床。声图中只有目标主体区域有阴影形成,且目标主体以外区域纹理较为均匀,因此可判断此区域为均质平坦的沙质海床。图中阴影位置相对于目标主体偏向于右侧,因此可确定声呐扫描位置位于图像左侧,波束发射方向自左向右,声呐运动轨迹为自上而下或自下而上。目标阴影拉伸较短,可判断声呐波束开角较大。

图 5-29 中目标主体呈亮黄色,可清晰分辨出机翼形状和损毁情况,飞机在机腹部位发生断裂。目标中间部分存在高亮反射区域,色调偏白色,可判断此区域为高于机翼的突起结构,根据飞机残骸形状可推断此区域为飞机驾驶舱部分。根据驾驶舱位置和机翼附体成像(如螺旋桨),可判断飞机是以正姿态沉落于海床。根据图像可清晰辨别该飞机为双发动机,机翼形状清晰,根据机翼末端特有的结构形状可辨别其为第二次世界大战期间德国的 Ju-88 型轰炸机。

2) 飞机残骸案例二

图 5-30 是由美国在马萨诸塞州海岸附近扫描得到的飞机残骸侧扫成像声呐图像,图像经过裁剪,只保留了飞机残骸主体区域。

(a)　　　　　　　　　　　　　　(b)

图 5-30　飞机残骸侧扫成像声呐图像二

(a) 实物图像;(b) 声呐图像。

声图整体亮度适中,但成像较为模糊,分辨率低。声图根据声呐回波强度显示为伪彩色图像,整体色调偏黄色。目标区域和周围环境色调相近,呈亮黄色,因此环境反射面材质与目标近似。根据反射体的材质和反射面形状对声波的不同反射特性,可初步判断周围环境为硬质海床。声图下方存在由多个小阴影组成的阴影区域,可判断为海底突起物(如石块或残骸碎块)。目标主体以外区域亮度分布不均,有轻微变化,可判断此处海底有轻微起伏。

声图中目标主体呈亮黄色,飞机主体保存较为完整,尾翼与机身分离,可清晰辨别机翼与尾翼形状。目标中间部分存在高亮反射区域,色调偏白色,可判断此区域为高于机翼的突起结构,根据飞机残骸形状可推断此区域为飞机驾驶舱部分。通过上述解译,可清晰确定飞机姿态,其中机翼保存相对完整,机身与尾翼损毁严重。

3) 飞机残骸案例三

图 5-31 为 2002 年 8 月由冰岛海岸警卫队在冰岛附近海域发现的一架第二次世界大战期间坠毁的柯蒂斯 SC"海鹰"水上飞机残骸,该图像利用侧扫成像声呐扫描得到,工作频率为 1800kHz,量程为 25m,图像为距离目标 10m 处成像。

图 5-31 飞机残骸侧扫成像声呐图像三

声图整体亮度适中,细节清晰,高光区域与阴影区域分布明显,是一张质量较高的侧扫成像声呐图像。

从图 5-31 中可看出,飞机残骸发动机和飞机底部细节,除机体下部附体结构以外,其他部位保存完整。机翼末端翼襟缺失,可能由于坠毁时冲击或长时间锈蚀导致脱落,机翼上的机炮保存完整,可清晰辨别出右翼上的两个机炮结构,左翼机炮也清晰可见。机体整体以躺姿沉没在海床上,机腹朝上。

声图中高光区域出现在机体左翼末端和机翼中部小块区域,因此可判断左翼高度相对右翼较高,且机翼中部有突起结构。机翼阴影与机翼间存在间隙,但间隙不大,可判断机翼左翼并未紧贴海床,而是以较小高度架空悬浮于海床之上。综上所述,机翼整体呈左翼高于右翼的倾斜状态。飞机发动机部分存在阴影,并与机体紧密相接,且阴影长度较短,因此判断飞机发动机部位处于半掩埋状态。尾部没有明显阴影,只能分辨出大致轮廓,因此其高度与海床基本持平,大部分处于掩埋状态。

目标残骸周围区域成像均匀,无明显纹理特征,可判断为均质沙层海床。机翼阴影轮廓与机翼形状并不相符,靠近机身处的阴影面积明显变大,可判断此处机翼与海床间隙相对较大,因此,此处海床存在下沉,可能为沙坑。声图下方出现数个突起物,其中,最右侧突起物有明显棱角轮廓,阴影轮廓也较为清晰,阴影与主体间没有间隙,可判断为海床上具有一定高度的石块。而左侧数个突起物只有高光轮廓,未出现明显阴影,因此判断为突起高度较小的小沙包或因掩埋石块产生的隆起。

4) 飞机残骸案例四

图 5-32 给出的飞机残骸声图经过裁剪,只保留了具有目标部分的声图,声图上侧黑色区域为水柱区。

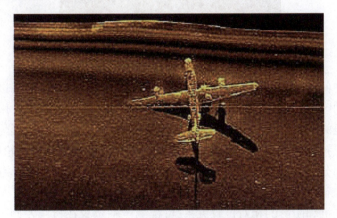

图 5-32　飞机残骸侧扫成像声呐图像四

声图整体亮度中等偏暗,色调呈褐色,以黑色表示回波较弱的区域,如阴影;用暗褐色表示回波正常的部分,如背景;用亮褐色表示回波较强的区域,如机身边缘;阴影与高亮部分界线清晰,易于观察。

声图中间偏右部位的飞机目标机身轮廓清晰,可以明显看出飞机的轮廓特征,例如飞机的双翼由左至右,中间为机身部分。通过声图可以看到,飞机的机头部分朝上,尾翼部分朝下。根据飞机和阴影相对位置关系,可推测声呐位置在机身上侧。此外,声图中飞机阴影部分比较完整,并且阴影可以与背景区分开,加之飞机左侧部分阴影距离机身较近,右侧部分阴影距离机身较远,可推断机身是斜着插入水体,左侧机翼插入水底,右侧机翼斜着朝上的状态。由于从该图片中无法获取水深等参照物的大小信息,所以无法对飞机的尺寸、失事位置做出具体判断。

5）飞机残骸案例五

图 5-33 给出的飞机残骸声图经过裁剪，只保留了具有飞机残骸目标部分的声图，声图上侧黑色区域为水柱区。

图 5-33 飞机残骸侧扫成像声呐图像五

声图中间部位可以看到一架飞机的影像，声图整体亮度适中，以黑色表示回波较弱的区域，如阴影；用暗黄色表示回波正常的部分，如背景；用亮黄色表示回波较强的区域，声图中机身受声波照射的位置反射强烈，阴影与高亮部分界线清晰，易于观察。声图中机身轮廓清晰，可以明显看出飞机的轮廓特征，中间为机身部分，飞机的双翼由左下至右上，左下方的机翼明显长于右上方的机翼，可以判断其右上方的机翼有一定的破损。

通过飞机和阴影的相对位置关系，可推测声呐位置在机身左侧。声图中阴影部分比较完整，阴影可以与背景区分开，仅右侧有一小部分阴影被裁减掉。从飞机的阴影处能够看出，飞机机身部分的阴影很长，可推断机身是斜着插入水底，并从目标的形状可以推测出，飞机应该是头部朝下，尾翼部分朝上的状态。由于从该声图中无法获取水深等参照物的大小信息，所以无法对飞机的尺寸、失事位置做出具体判断。

6）飞机残骸案例六

（1）声图结构分析。为方便声图解译，对图 5-34 进行了 3 个区域的划分：①为左舷探测到的飞机目标，从阴影和目标形状可以清晰地看到飞机的形状；②为声呐左右舷的水柱空间，是左右舷的声波发射但是还没有照射到底面的部分；③为右舷探测得到的地貌图像。

（2）声图判读分析。图 5-34 给出的飞机残骸声图经过裁剪，只保留了具有目标部分的声图，声图中间黑色区域为水柱区，其中上半部分的水柱区较为正常，下半部分的水柱区呈发散状，主要是由于水深起伏导致。

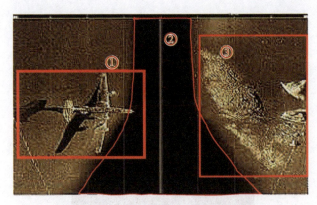

图 5-34 飞机残骸侧扫成像声呐图像六

声图左半部分可以看到一架飞机的影像,右半部分可以看到地貌以及石块部分,图片整体亮度适中,以黑色表示回波较弱的区域,如阴影;用暗黄色表示回波正常的部分,如背景;用亮色表示回波较强的区域,如机身边缘、水底地貌,以及石块部分。

声图中机身轮廓清晰,可以明显看出飞机的轮廓特征,例如飞机的双翼由下至上,中间为机身部分,尾翼在左侧,机头在右侧。通过飞机和阴影的相对位置关系,可以推测声呐位置在机身右侧。机体整体阴影部位由左下至右上分布,利用飞机的阴影可推测机体的左侧即声图上半部分插入水底,机体的右侧即声图下半部分翘起朝上,此外根据机身的阴影部分尾翼的阴影更长,距离水底更远,可以判断出尾翼相较于机头,处于更高的位置。同时机头有一部分进入到了中间水体的阴影中。由于从该声图中无法获取水深等参照物的大小信息,所以无法对飞机的尺寸、失事位置做出具体判断。

7) 飞机残骸案例七

图 5-35 给出的飞机残骸声图经过裁剪,只保留了具有目标部分的声图,在声图中间可以看到一架飞机影像。声图中大部分机身轮廓具有高亮特征,可以较为明显地看出飞机的轮廓特征,例如飞机的双翼由下至上,中间为机身部分,机头在左侧,尾翼在右侧。声图中整体阴影部位由左下至右上分布,通过飞机和阴影的相对位置关系,可以推测声呐位置在机身左侧。从飞机的阴影处还能够看出,机体左侧(声图下侧部分)插入水底,机体右侧(声图上侧部分)及尾翼部分向上翘起;尾翼相较于机头,处于更高的位置;机头附近的地貌有着淡淡的阴影,可以推测是一个斜坡,机头落在斜坡上面。由于从该图片中无法获取水深等参照物的大小信息,所以无法对飞机的尺寸、失事位置做出具体判断。

图 5-35 飞机残骸侧扫成像声呐图像七

8. 沉底电缆压块

图 5-36 给出的是电缆和压块侧扫成像声呐图像。声图中靠近侧扫图像右舷扫测范围内有两根海缆,地貌上观察为岩石,推断此处地层较为坚硬且多为岩石底质,虽表面附着薄淤泥但挖沟机无法对类似位置进行挖沟,所以电缆只能沉底铺设。一般情况下,沉底电缆都会对其表面加盖压块进行保护,此处对沉底电缆进行铺设压块操作原意是为了保护电缆。但此声图显示,铺设压块时未能准确施工定位导致压块未铺设于右舷扫测范围的左侧电缆上方,压块未起到保护作用,后续应对其重新进行铺设以保证沉底电缆受到应有保护措施;声图更偏右侧显示的则为正确铺设压块状态。

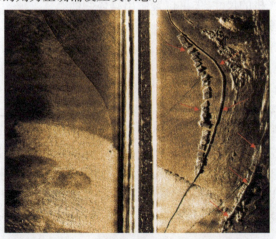

图 5-36 沉底电缆压块侧扫成像声呐图像

9. 水下机器人

图 5-37 为对圆柱形水下机器人目标的侧扫成像声呐图像,声图整体亮度偏暗,以黑色表示回波较弱的区域,如阴影,用暗黄色表示回波正常的部分,如背景,用亮黄色表示回波较强的区域,如机器人边缘。在声图水柱区中段的右侧部位可以看到一个高亮区长条状的机器人声图特征,由左下至右上分布,对应阴影区域由左上至右下分布。根据阴影和高亮部分的距离可以推断出,该机器人目标是呈长条状,并且有一侧插入在水底中,另一侧高出水底。同时一些成像优秀的区域也可以看到一些水底地貌特征,如沙丘、沙纹等。

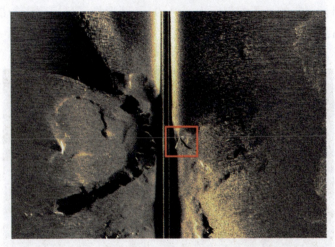

图 5-37 水下机器人目标侧扫成像声呐图像

10. 悬浮圆球

图 5-38 给出的是 2022 年利用船载侧扫成像声呐获取的湖中悬浮圆球图像,水深 3~4m,声呐工作频率 600kHz,本次作业设备采用挂船的形式,通过安装支架将设备固定在船只底部,侧扫成像声呐安装角度 60°,开角 45°,船只航速约 2kn,试验时风力弱,船只的运行轨迹波动受波浪影响较小。

图 5-38 圆球悬浮目标实物图

该圆球目标在布放过程中,和其他几个目标(塔形目标和圆柱形目标)一同投入湖中,其中圆球目标质量小、体积大,为悬浮状态,在圆球目标上绑有重物、绳子和浮球,投入湖中后,重物在重力作用下沉到水底,形成一稳定锚,拖拽住圆球目标使其成为悬浮状态,且使圆球目标在水中保持相对固定位置,绳子连接重物、圆球悬浮目标和浮球,且浮球露出水面。

如图 5-39 所示声呐的轨迹线从左向右,图像横向排布。根据声图结构和内容,结合形状特征和阴影特征分析,可以判断声图上方亮斑为圆形悬浮目标。声图中水柱区宽度(斜距)l_1 为 0.5cm,圆形悬浮目标最下方斜距 l_2 为 1.4cm,圆形悬浮目标阴影的最下方斜距 l_4 为 1.9cm,圆形悬浮目标阴影的最上方斜距 l_5 为 2.3cm,根据声图特征信息量测方法,从水深 4m 推算得到声图中圆形悬浮目标的实际高度为 0.5m。

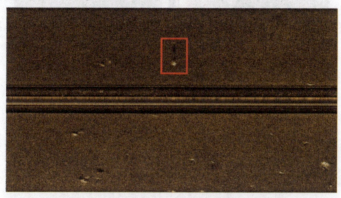

图 5-39　圆球悬浮目标侧扫成像声呐图像

11. 水下鱼群

图 5-40 给出的是水下鱼群侧扫成像声呐图像,声呐工作海域水深 5m,声呐工作频率 600kHz,航速 3~4kn,左右两侧的侧扫成像声呐安装在船只底部位置使得波束中心对称且开角为 120°,侧扫成像声呐的波束开角为 45°。

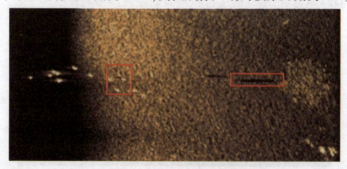

图 5-40　水下鱼群侧扫成像声呐图像

声图左侧部分黑影区为水柱区,声呐轨迹线为上下方向,声图纵向排布。根据图像内容,结合声图形状特征和阴影特征分析,判断图片中水柱区及右侧的强反射区为鱼群,弱反射区为右侧鱼群形成的阴影。图中的水柱区宽度(斜距)l_1 为 3cm,目标鱼最左侧斜距 l_2 为 4.5cm,图片中大鱼右侧阴影最左侧斜距 l_4 为 9.5cm,鱼群阴影最右侧斜距 l_5 为 11.3cm,根据声图特征信息量测方法内容,声图鱼群实际高度约为 0.38m。

◎ 5.2　多波束侧扫成像声呐声图解译

多波束侧扫成像声呐的研发需求是为了提高扫测适应航速而提出的,其声学成像原理与单波束侧扫成像声呐没有太大改变,多波束侧扫成像声呐的声图结构与单波束侧扫成像声呐的声图结构一致,其图像解译与单波束侧扫成像声呐相同。但是,在多波束侧扫成像声呐基础上增加了 SBS 干涉系统后,多波束侧扫成像声呐可以输出地形图像。

图 5-41 给出的是增加 SBS 干涉系统后多波束侧扫成像声呐产生的地形图像。图像中间为声呐航线,两侧分别为左侧地形图像和右侧地形图像,将图像附加伪彩色表,将冷色定义为水深值大、暖色定义为水深值小进行成像显示,就有如下图像,可以根据对应深度与色彩关系观察地形变化与目标所处水深信息。此种地形图可结合下视多波束成像声呐声图结构进行解译。

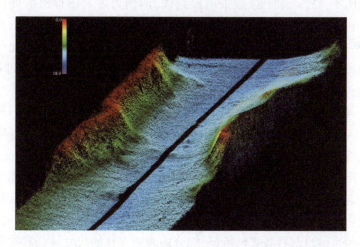

图 5-41　增加 SBS 干涉系统后的多波束侧扫成像声呐地形图像

5.3 合成孔径侧扫成像声呐声图解译

5.3.1 声图结构解译

合成孔径侧扫成像声呐用虚拟的孔径代替真实的孔径,通过融合大孔径的声呐数据可大幅提高方位分辨率,提升方位向空间分辨能力。合成孔径侧扫成像声呐声图结构与单波束侧扫成像声呐的声图结构一致,相关声图结构解译可参考单波束侧扫成像声呐声图结构解译。

5.3.2 解译应用案例

1. 地貌

1) 地貌案例一

图 5-42 给出的是合成孔径侧扫声呐图像,图中可见梯田、河道、废弃桥墩、湖底地形地貌等。图 5-42(a)和(b)中可以看到被淹没的山坡、梯田等地貌,从形状特征可以很明显地看出水下地貌的形状特征,地貌中大块区域呈现阶梯状排布,其中划分了类似方格形状地貌,可结合相关体特征判读为梯田农田地貌。图 5-42(c)中可看到废弃桥墩石柱等目标,根据目标所处位置地貌可以看出,原地貌中带有大量沙纹地貌,两侧有明显阶梯高起部分,带有明显人为划分痕迹。

根据图 5-42(a)和(b)效果可以判读,两侧为古农田梯田所处区域。图 5-42(c)中废弃桥墩石柱等目标所处位置为古河道位置,目标图像的高亮强反射区,判断目标材质坚硬且与所处沙纹地貌区域材质有明显区别,此外目标带有拱形阴影且处于古河道位置,故判读目标为古桥桥墩,桥面已随流冲刷消失。

2) 地貌案例二

图 5-43 给出的是高频合成孔径侧扫成像声呐岩石地貌图像,扫测水域水深约为 25~30m 变化,声呐配置的扫测量程为 150m,航速大于 5kn。声图中间为船只航线,水柱区内没有明显目标物呈现黑色,水深线与水柱区交界明显。左舷地貌图像与右舷地貌图像可以清晰地观察出水底地貌特征,声图中可以看到目标隆起具有一定的高度,形状上观察目标有棱有角线条分明,且反射面亮度高呈现白色高亮效果,纹理光滑无明显波纹等特征,故判断目标为硬质岩石。声图中其他区域也都具备类似特征,综合地貌中大片的尺寸特征和形状纹理等特征可判断,水底地貌为岩石硬质地貌。

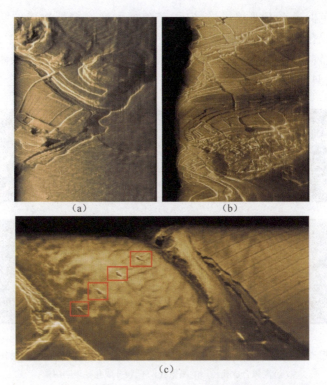

图 5-42 水下地貌高频合成孔径侧扫成像声呐图像
(a)淹没在水下的山坡和农田;(b)淹没在水下的梯田;(c)淹没在水下的桥墩与河道。

图 5-43 岩石地貌高频合成孔径侧扫成像声呐图像

3）地貌案例三

图 5-44 为高频合成孔径声呐和低频合成孔径声呐对水下地貌及掩埋物成

像结果,绿色框为水下地貌成像结果,蓝色框为海底掩埋物成像结果,可以看出,高频合成孔径声呐不具备对海底掩埋目标的探测能力,但海中沉底型目标声图特征比较明显;低频合成孔径声呐虽具备海底掩埋目标的探测能力,但某些海中沉底型目标的声图特征相对高频合成孔径声呐模糊,甚至会丢失。

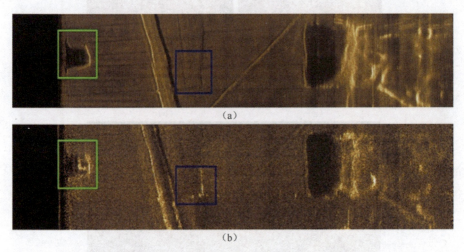

图 5-44　双频合成孔径声呐对水下地貌及掩埋物成像结果比对图
(a)高频合成孔径声呐图像;(b)低频合成孔径声呐图像。

2. 沉船

1)沉船案例一

图 5-45 给出的是沉船目标合成孔径侧扫成像声呐图像。声图中船只目标轮廓清晰,特征明显。例如,船头可以看到类似天线金属感的装置,船体围栏、水底和船周围散落的零件或碎片等杂物,也可以清晰分辨,说明合成孔径侧扫成像声呐具有对细小目标的分辨能力。

图 5-45　沉船合成孔径侧扫成像声呐图像一

通过船只和阴影的相对位置关系,可推测声呐位置在声图中船只目标下方,其运动轨迹接近于船只长度方向,船身下方的阴影应该为地貌凹陷造成的阴影;从船只的阴影处还能够看出,中央船舱部分相对于船头和船尾设施来说是高度最高的,这也符合一般对于船只的理解。

通过声图量测,其船只整体长宽比例为 6∶1;此外根据船只左侧形状更尖锐,可以判断船头在声图左侧、船尾在声图右侧;虽然船头处于声图阴影中的部分难以识别其特征,但船身中部可以看到船舱形状,船尾处显示甲板区域较为空旷。综合上述声图解译信息可以了解该沉船在水底受损状态的相关信息。由于从该图片中无法获取水深等参照物的大小信息,所以无法对船体的尺寸、失事位置做出具体判断。

2) 沉船案例二

图 5-46 给出的是沉船目标合成孔径侧扫成像声呐图像,该声图中含有较多椒盐噪声,整体颜色偏红,上方有大片的暗色部分,虽然这部分区域符合阴影在前,亮面在后的地貌凹陷特征,但是由于阴影部分边界平整,因此该暗色部分可能由于声图后处理而造成。

图 5-46　沉船合成孔径侧扫成像声呐图像二

声图中阴影部分处于声图下方,有一部分超出图片范围,可以推测声呐位置在图片上方,而船只右侧阴影中船头的阴影明显高于船只左侧断裂处的阴影,其原因可能是声呐运动轨迹在船头处远离沉船目标,而在右侧断裂处接近沉船位置,也可能是沉船掩埋深度不同造成的。

声图中船体目标的整体轮廓清晰,特征明显。声图中船头形状靠右,船头形状、船身形状保存完好;船身中央有一些矩形特征,但甲板处有破损且没有其他类似船舱等设置;右侧形状难以确认是船尾;此外通过声图量测,船只长宽比接近 4∶1,船身大概率从中部断裂;加之声图显示有部分船只残骸,推测该船只失事后损毁严重。由于从该声图中无法获取水深等参照物的大小信息,所以无法对船体的尺寸、失事位置做出具体判断。

3) 沉船案例三

图 5-47 给出的是第二次世界大战期间沉船残骸的合成孔径侧扫成像声呐图像,该沉船是在第二次世界大战期间被德国的 U-853 潜艇击沉,其船长 120m、宽 20m、吃水 8.2m。

图 5-47 沉船合成孔径侧扫成像声呐图像三

(a)合成孔径侧扫成像声呐图像;(b)沉船残骸的实际图像。

从声图中可轻易辨别该沉船残骸是倒扣在海床上,船底朝上,可清晰地辨别船体整齐排列的底板,及其底板之间的接缝痕迹。沉船底部保存十分完整,没有大面积断裂破损缺口,可判断该船在被鱼雷击中时并没有发生船体大面积断裂。船体中上部有小片阴影,疑似爆炸产生的破损缺口,加之对应部位阴影区域也有明显缺损,更加证实该区域为爆炸破损缺口的可能性。由于船身未发生大面积断裂,因此其沉没原因可能是爆炸缺口进水,最终船舶因进水失稳而缓慢沉没。

船身阴影与船体紧密相连,没有间隙,说明船身与海床没有架空间隙,可判断船体上层建筑主体掩埋于海床之下。此外,船体产生的阴影边界并不顺滑,与常规船体底部线型有较大差异,阴影边界中间区域有明显隆起,由于合成孔径侧扫成像声呐图像无法获取目标高度信息,因此从声图上无法判断船体是否变形。根据与该船实际照片对比,此部分阴影隆起可能是因为上层建筑支撑作用导致船体底部变形原因。

声图中船体首尾线型收缩幅度相似,不易区分,但左下角明显结构更为复杂,通常船舶尾部安装舵机和螺旋桨,其结构要比艏部复杂,可判断其左下角为船艉,右上角为船艏。残骸周围海床纹理较船体有较明显区别,在声图左上角有少量沙纹起伏,船身右侧有数个阴影区域,亮度先暗后明,符合凹坑的侧扫成像声呐成像特点。

4)沉船案例四

图 5-48 给出的是在水深约 36m 海域获取的船只残骸合成孔径声呐图像,该声呐扫测量程为 150m,航速大于 5kn 该声图经过裁剪,只保留了整个声图中包含目标的部分。该声图可以较为明显看出沉船轮廓特征。声图中阴影部分比较完整,通过沉船和阴影的相对位置关系,可以推测声呐位置在沉船左侧,船只航线应是从左至右的方式表示。

图 5-48　沉船合成孔径侧扫成像声呐图像四

3. 海底线缆

图 5-49 给出了双频合成孔径声呐对湖底电缆成像结果,目标为长约 45m 的铜芯电缆,直径约 3cm。成像时基阵距底约 37m,距水面 5.8m,目标斜距约 145m。对比高频合成孔径声呐和低频合成孔径声呐图像,可以看出高频合成孔径声呐对目标成像清晰,细节信息丰富。低频合成孔径声呐成像效果差,线状目标稍微模糊,且线状目标呈断续连接,部分位置没有成像。

4. 掩埋管线

1)掩埋管线案例一

图 5-50 给出了高频合成孔径声呐和低频合成孔径声呐对掩埋管线,包括油管、水管和电缆的探测结果。从图中可以看出,高频合成孔径声呐不具备对

>> 声呐成像探测机理与图像解译

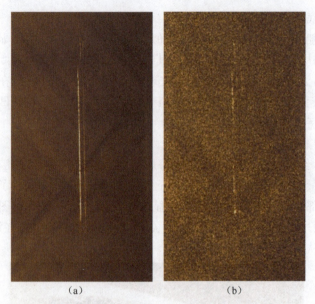

（a） （b）

图 5-49 湖底电缆双频合成孔径声呐图像
(a)高频合成孔径声呐图像；(b)低频合成孔径声呐图像。

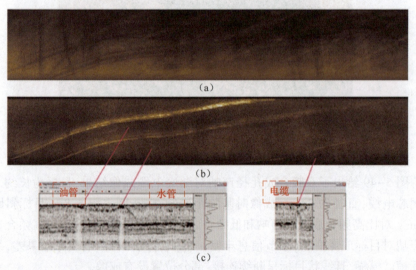

图 5-50 双频合成孔径声呐掩埋管线成像结果比对图
(a)高频合成孔径声呐图像；(b)低频合成孔径声呐图像；(c)浅地层剖面仪获取的管线掩埋剖面图。

海底掩埋目标的探测能力，低频合成孔径声呐具备对海底掩埋目标的探测能力。

图 5-51 给出的是双频合成孔径声呐在渤海海域对掩埋油气管线的探测结果，通过对比高频合成孔径声呐和低频合成孔径声呐对掩埋管线的成像效果，说明低频合成孔径声呐对掩埋目标的探测效果。通过对比双频合成孔径声呐

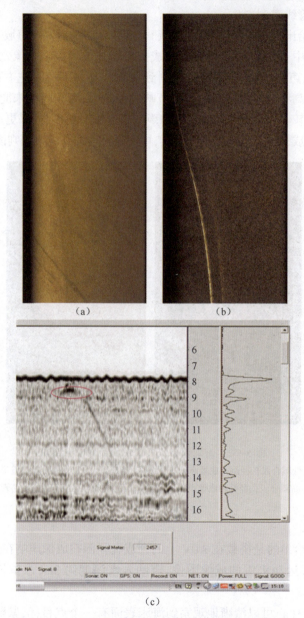

图 5-51　双频合成孔径声呐对掩埋石油管道成像结果
(a)高频合成孔径声呐图像；(b)低频合成孔径声呐图像；(c)浅地层剖面仪获取的管线掩埋剖面图。

图像可以看到,如果管线在海底是掩埋的,低频合成孔径声呐对海底掩埋管线清晰成像,高频合成孔径声呐对海底面的扫测结果仅显示了管线掩埋后留下的痕迹,无明显的管线图像特征。

2) 掩埋管线案例二

图 5-52 给出的是双频(高频与低频)合成孔径声呐对同一海域进行探测时获取的图像。其中,图 5-52(a)为低频合成孔径侧扫成像声呐成像效果,低频合成孔径侧扫成像声呐可以穿透泥层探测到泥面以下掩埋 1m 左右的油管目标,图 5-52(b)为高频合成孔径侧扫成像声呐成像效果,高频声波未能穿透泥层,但水底地貌细节较低频合成孔径侧扫成像声呐来看细节更多,效果更加清晰。通过低频和高频合成孔径声呐图像联合判读,可实现掩埋油管的声图判读。

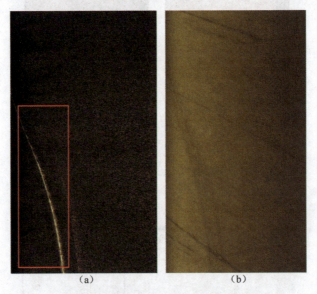

图 5-52 高低频合成孔径侧扫成像声呐图像

(a)低频合成孔径侧扫成像声呐成像图像(掩埋深度 1m 的海底输油管道);
(b)高频合成孔径侧扫成像声呐成像图像(无穿透能力,看不到掩埋油管)。

5. 水雷

图 5-53 给出的是搭载在 AUV 上的合成孔径侧扫成像声呐在水深 10~13m 海域对圆柱形运动水雷的成像图像,声呐入水深度约 3m,水雷长约 2m,直径约 0.53m。

从图 5-53(a)可以清晰地观察到海床表面有一个点目标,紧贴目标处存在明显阴影,可判断该点目标突出在海床表面。截取水雷目标及其周围 10m×10m 范围声图[5-53(b)]可清晰显示水雷目标在海床上的姿态,水雷目标的阴影也

图 5-53 水雷合成孔径侧扫成像声呐图像

比较清晰,同时还较容易地观察到水雷表面一些纹理细节,此外水雷周围的海床表面地貌纹理也较清晰,声图纹理细节呈现出高水平层次,声图的可读性强。

◎ 5.4 下视多波束成像声呐声图解译

■ 5.4.1 声图结构解译

下视多波束成像声呐工作时下视多波束成像声呐的发射基阵一般以一个扇面向下发射脉冲信号,通过回声来判断水底地形深度,进而形成水底地形的三维声图。下视多波束成像声呐工作时,其发射换能器以一定频率发射波束,该波束具有沿载体航向开角窄、沿垂直航向开角宽的特点。对应每个发射波束,接收换能器获得多个沿垂直航向的接收波束。将发射波束和若干接收波束先后叠加,即可获得垂直航向上的成百上千个窄波束。利用每个窄波束入射角与载体航行时间可计算出测点的位置和水深,并随着载体的行进,得到一条具有一定宽度的水深条带(窦法旺,2017;路晓磊,等,2018;阳凡林,2003;Assalih,et al.,2009)。

通常情况下,通过窄波束二维深度视图(图 5-54)可观察地形水深变化,测量目标所处水深,并随着载体运动生成三维水深条带(图 5-55)观察水下目标物相关特征,并对其开展量测计算。下视多波束成像声呐需要经过专业技术数据处理可得到最佳成像效果,不仅能获得详细、精确的海底地形信息,而且还能得到沿航线一定宽度内的水下目标大小、形状、最高点和最低点等特征信息。

图 5-56 给出了经过专业技术数据处理后的下视多波束成像声呐水底地形探测图,并配置颜色深度对照表,通过颜色的不同表示地形的深浅。在图像中,越贴近红色的地方深度越浅,越靠近蓝色的地方深度越深,例如图中蓝色区域

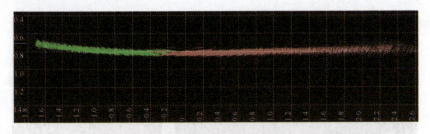

图 5-54　下视多波束成像声呐窄波束叠加二维深度视图

图 5-55　下视多波束成像声呐窄波束叠加三维水深试视图

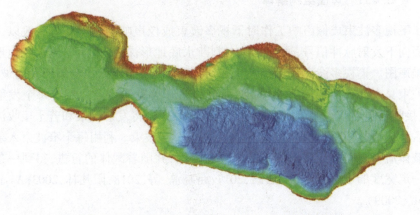

图 5-56　下视多波束成像声呐水底地形探测声图

为海底低洼区域,是海底盆地地形,绿色区域为较平坦的海底平原区域,四周红色区域为凸起的海底丘陵区域(陈炜,等,2022;崔杰,等,2018;窦法旺,2017;李海森,等,2010;Sebastien,et al.,2009)。

下视多波束成像声呐水底地形探测声图,一般赋予较为丰富的颜色,不同颜色代表不同的深度,可从声图中的标尺看到不同颜色所代表的深度。声图中的比例尺可以表征每个格子实际代表的长度,如果想获得区域内某目标的尺寸,可以通过测量图中的尺寸,进而通过比例尺获得实际的尺寸(吴自银,2017;Chen,Tian,2021;Clarke,Clarke,2006;Cloet,Edwards,1986)。声图中横纵格表征经纬度,因此经纬度除了定位外,还可以帮助工程人员确认施工作业方案,提高作业效率,降低作业风险(Asada,et al.,2007;Barngrover,et al.,2015,2016)。

■ 5.4.2 解译应用案例

1. 地形

1) 地形案例一

图 5-57 为 2022 年利用 MBE-FG7030 多波束成像声呐扫测得到的船厂地形图,其工作主频为 600kHz,垂直安装于固定架上,所发射波束为垂直向下,波束开角为 90°,声呐载体为一自主动力船,作业过程中,该船按照规定航线航行,其航速约为 3kn。

图 5-57(a)右上角可以看到比例尺,一格长度代表实际长度是 20m,图片中的水下地形占据了大约 6×7 格的区域,根据比例尺可以推断探测到的水下区域长宽约为 120m×140m,面积约为 16800m^2。此外,根据图中右侧颜色标尺可以看出,从红色到蓝色,水深是逐渐增加的,不同颜色对应的深度可以在颜色标尺中查到,红色区域约 0.5m,绿色区域约 4.0m,蓝色区域约 7.5m。

从图 5-57(a)下视多波束成像声呐水底地形探测声图(上方为北)可以看到,地势从北到南逐渐降低,且在从陆地向水域延伸的区域中,有明显的凸起物。该凸起为该船厂的滑道,在相邻的两个滑道中间,还有加固滑道的横梁。根据图中的颜色信息可以看到,滑道在靠近岸边处深度最浅,越向水域深处延伸深度越深。根据比例尺及格子的长度换算,可知图中标注处的滑道,长度约为 88m。

图 5-57(b)为船厂落潮后裸露出部分滑道的实拍图,图中右侧为北。在实拍图中,可以清晰地看到水泥材质的滑道,并且从岸边向水中延伸,高度越来越低,符合声图中滑道越来越深的趋势。

2) 地形案例二

图 5-58 为 2020 年 12 月利用 Mapfish 5361 下视多波束成像声呐对水下大坝进行扫测获得的结果。声呐载体为一自主动力船,通过来回多个航次扫测,其平均航速为 3kn。

图 5-58(a)和(b)中的颜色标尺表征数值相同,水深信息可通过声图右侧的颜色标尺观察得到,其水深变化范围较广,约从 3~50m。由于声图中未标出比例尺,故不能准确地判断图像中所探测地形的具体面积。

结合图 5-58(a)和(b)可以明显看出,航道中间有一条南北向的凸起,根据

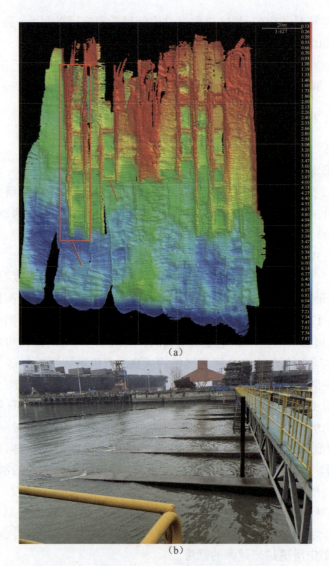

图 5-57　下视多波束成像声呐水底地形探测声图一

(a)下视多波束成像声呐水底地形探测声图;(b)落潮后的船厂现场实拍图。

先验信息,这条凸起表征的是水下大坝。以大坝为分隔线,可以将图分为左右两部分。左边部分总体水深较右边要浅,左边部分可分为上下两个部分,左上部分水深较浅,为 10~20m,左下部分水深较深,为 20~50m,靠近岸边区域急速变浅,在左边部分的 10~20m 水深区域水底有明显沙纹。右边部分的总体水深较左边要深,右边部分也可分为上下两个部分,右上部分水深较浅,为 10~40m,

左下部分水深较深,为20~50m,靠近岸边区域急速变浅,在右边部分的10~20m水深区域水底有明显沙纹。

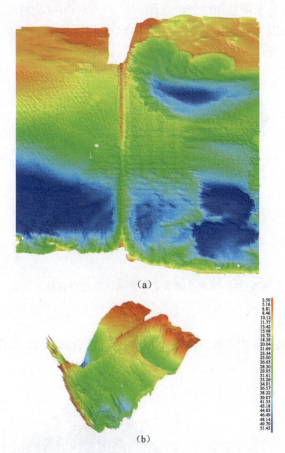

图5-58 下视多波束成像声呐水底地形探测声图二
(a)下视多波束成像声呐水底地形探测声图(俯视视角);
(b)下视多波束成像声呐水底地形探测声图(三维视角)。

3) 地形案例三

图5-59为2020年5月利用Mapfish下视多波束成像声呐对河道执行探测任务时获得的图片,其工作主频为600kHz,垂直安装于固定架上,所发射波束为垂直向下,波束开角为90°,声呐载体为一自主动力船,声呐通过固定架安装在动力船上,通过来回多个航次扫测,扫测时风力较弱,船只的运行轨迹波动受波浪影响较小,其平均航速为3kn。

从图5-59中右上角比例尺表明,图中一格长度代表实际距离是50m,根据图像实际量测结果可知,探测区域为长约 1250m、宽约 200m 的矩形区域,该区域为河道区域。在声图中,可以看到 C1-C2-C3 附近区域水深更浅,在靠近岸边的 50m 范围内,水深在 10~15m 之间;在 C4-C5-C6-C7 附近区域的水深明显深于东北区域,因为离河岸较远,为深水区,平均深度超过 20m,左上部分局部区域深度超过 25m。

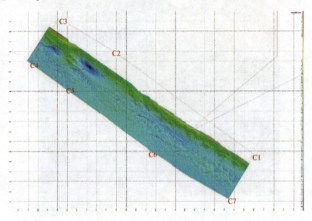

图 5-59　下视多波束成像声呐水底地形探测声图三

4)地形案例四

图 5-60 给出的多波束成像声呐扫测得到的地形声图,其作业条件与地形

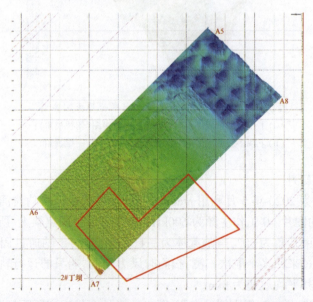

图 5-60　下视多波束成像声呐水底地形探测声图四

案例三相同。声图中右上角比例尺表明,图中一格长度代表实际距离是 50m,根据图像实际量测结果可知,探测区域的长边跨越了 19×18 个格子,根据比例尺及计算可知该区域的长度约为 1300m,宽度采用同样的方法可得出约 530m。

图 5-60 中,河道是从左下到右上的矩形,但矩形并非水平或垂直放置,这是因为图中的方位与地图的方位是一致的,图片的上方为正北方向。声图中,河道水深变化较为平缓,对照图片右侧颜色水深标尺,可以看到东北侧水深更深,约 15~25m,西南侧靠近岸边且水深较浅,约 10~15m。在图片中间部分可以明显看到有类 T 形的平坦地形,该平坦地形为护岸丁坝,丁坝附近区域的平均水深约为 15m。

5) 地形案例五

图 5-61 为 2020 年利用 Mapfish 下视多波束成像声呐对内陆湖泊执行探测任务时获得的图片。其声呐工作主频为 600kHz,垂直安装于固定架上,所发射波束为垂直向下,波束开角为 90°,声呐载体为一自主动力船只,声呐通过固定架安装在动力船只上,通过来回多个航次扫测,扫测时风力较弱,船只的运行轨迹波动受波浪影响较小,其平均航速约为 3kn。

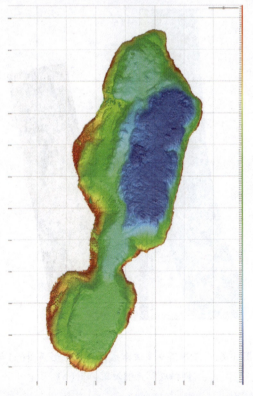

图 5-61　下视多波束成像声呐水底地形探测声图五

图 5-61 中右上角比例尺表明,图中一格长度代表实际距离是 50m,根据图像实际量测结果可知,探测区域南北长约 11 格,即南北向距离为 550m,东西宽约 5 格,即东西向距离为 250m。

图 5-61 右侧有颜色标尺,根据右侧水深和颜色对应关系可以判断出,湖泊总体呈现四周高中间低的状态,并且湖泊东北侧水深整体更深,该湖泊总体水深的趋势是自北向南逐渐变浅,北侧平均水深在 30~40m,南侧平均水深在 20m;东侧水深最深,最深处可达 50m;湖泊靠近岸边的区域,距岸边 10~20m 的范围,湖泊中心至岸边的水深快速变浅。

2. 石碓

在图 5-62 中右侧海缆附近处有大量浅色斑点,图中可以清楚看到,其目标形状特征呈现圆形或长条椭圆形。根据水深与颜色对照表,其色彩较地形色彩颜色更偏暖,故海缆目标水深小于地形水深,可初步判断该海缆裸露,进而推断此处挖沟机难以挖沟将海缆掩埋,此处地层应为硬质地层,且岩石地层居多。根据声图相关体特征与相关施工情况判断,此类目标为石碓目标,结合同航线单波束侧扫成像声呐扫测声图可综合确认石碓目标研判的正确性。

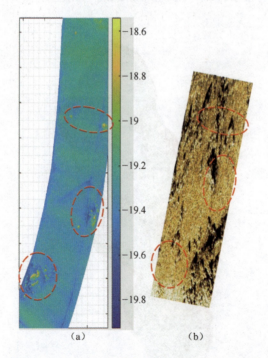

图 5-62 石碓下视多波束成像声呐地形声图(a)与
侧扫成像声呐地貌声图(b)

3. 电缆

图 5-63 为电缆下视多波束成像声呐地形声图与单波束侧扫成像声呐地貌声图。可以看到在下视多波束成像声呐效果图中,图右侧为水深色彩表,水深变化范围为 19.2~20.15m,色彩越偏冷色表示深度越深,色彩越偏暖色表示深度越浅。在图中可以清晰观察到一条线目标。从形状特征分析此目标为带有一定高度隆起的线目标,图像横纵坐标分别表示此目标的东北坐标(特定投影方式);从尺寸特性分析此目标宽度约 16cm,长度未知(一直延展);从纹理特征分析目标无特殊纹理,表面光滑,故判读此目标为裸露电缆目标。从同一区域单波束侧扫成像声呐地貌图分析,确认此目标为裸露电缆目标。

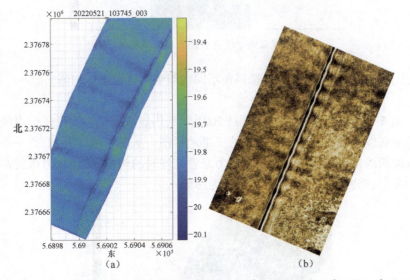

图 5-63 电缆下视多波束成像声呐地形声图(a)与单波束侧扫成像声呐地貌声图(b)

4. 海管

1) 裸露海管案例一

图 5-64 是 2021 年利用船载下视多波束成像声呐进行海底沉底线的勘探获得的高精度的三维地形图,图中以黄色代表水深较浅的区域,以蓝色代表水深较深的区域。从图中可以看到,在声图中间位置有一条黄色的折线,根据右侧颜色标尺可知,这条黄色线的深度较周围约高 1~2m,结合施工图的先验信息,可以判断该条黄色的折线为裸露出来的管线。

通常情况下,作业船只上搭载 GPS 和多波束测深仪,通过 GPS 得到船只和多波束测深仪的具体方位,途中黑色线应为运动轨迹方向上图形的中心线。在具体沉底线扫测过程中,船只一般沿着稍微偏离线缆施工图上的设计轨迹运

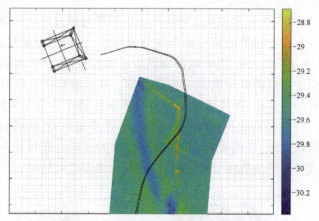

图 5-64　裸露海管下视多波束成像声呐地形声图一

动,在有多条线缆排列时可以选择在不同线缆中间区域进行扫测。

2）裸露海管案例二

图 6-65 与案例一相同,同样是 2021 年利用船载下视多波束成像声呐进行海底沉底线的勘探获得的高精度的三维地形图。从图中可以看到,有一条上蓝下黄的斜线,结合先验经验,蓝色线为海管掩埋时的沟壑,黄色线为裸露在海床上的海管,综合确认该上蓝下黄的线为海管。

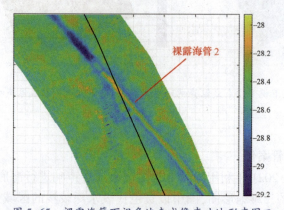

图 5-65　裸露海管下视多波束成像声呐地形声图二

3）裸露海管案例三

图 5-66 同样是 2021 年利用船载下视多波束成像声呐进行海底沉底线的勘探获得的高精度的三维地形图。从图中可以看到,右上角区域有两条交叉在一起的蓝色交叉线,根据声图及所获得的施工先验信息,该处为两条交叉的裸露海管。

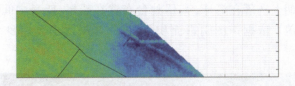

图 5-66　裸露海管下视多波束成像声呐地形声图三

5. 沉船

1）沉船案例一

图 5-67 是 2022 年 11 月利用下视多波束声呐对湖泊地形进行扫测时探测到的沉船。该下视多波束声呐的主频为 600kHz，垂直安装于固定架上，所发射波束为垂直向下，波束开角为 90°，声呐载体为一自主动力船，测绘过程中，该船在水库内按照规定航线航行，其航速约为 3kn。

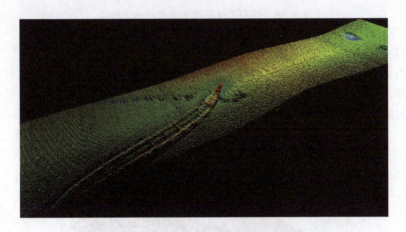

图 5-67　沉船下视多波束成像声呐声图一

根据声图的形状特征，可初步判断该沉船为龙舟，其右上角为船首，左下角为船尾。该龙舟顶面朝上坐落在湖底，龙舟横梁清晰可见。此外，该声图中暖色调水深小，冷色调水深大，可以看到船头尖角处色彩为红色表明水深值小即为船头尖角处翘起，对其进行高度量测发现该船头翘起 0.5m 左右，与龙舟属性吻合。

2）沉船案例二

图 5-68 是马耳他大学理学院利用下视多波束声呐对马耳他群岛附近海域探测所得，该声呐频率为 40～100kHz，探测距离为 3～3600m，安装方式为声呐安装在载体正下方，开角为 140°。

根据声图形状特征，可判断该船为散货船，其右下角为船首，左上角为船尾。该船顶面朝上坐落在海床,其驾驶台布置在船尾,船身中间清晰可见有4个散货舱的舱盖。依据声图阴影面积,可进一步推测出其船身大部分已陷入海底。

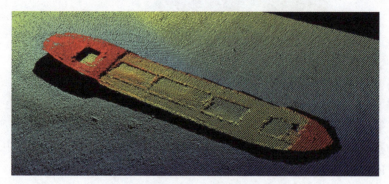

图 5-68　沉船下视多波束成像声呐声图二

3)沉船案例三

图 5-69 声呐的横向扫侧范围在 400m 左右,扫侧时声呐在沉船残骸目标的正上方,上下偏差 10°左右,在这种设置下可以清晰地观察到海床上残骸目标的形状大致为船型。

图 5-69　沉船下视多波束成像声呐声图三

图 5-70 所示的声呐图像为沉船残骸沿线的多波束声呐数据呈现,能够较好地观察到沉船的外形。根据声图中的比例尺,可以大致判断出沉船的长度和宽度;结合各颜色代表的深度标尺,可以确定沉船残骸目标自身的高度为 30m 左右。

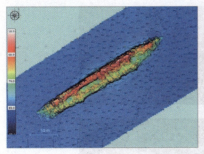
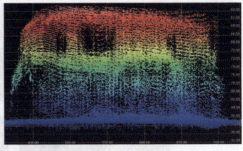

图 5-70　沉船周围区域地形图一

图 5-71 所示的声呐图是由多波束测深仪测深角度大致与海床表面平行扫描获得的,并经过人工后处理,将各类信息标注在图像上,可以清晰地看到沉船目标残骸的倾斜角度、具体高度和宽度。

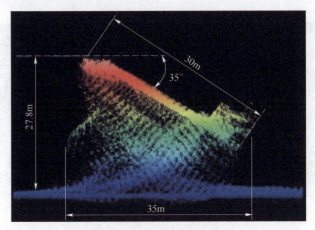

图 5-71　沉船多波束测深仪声图

图 5-72(a)~(d)是多波束声呐不同角度探测船只所获得的,可以更加清晰地看到沉船在海床上的沉陷姿态以及各个部位的破损程度。

6. 飞机残骸

1) 飞机残骸案例一

图 5-73 是利用下视多波束声呐在太平洋切萨皮克湾扫描出的飞机残骸目标,该声图经过裁剪,只保留了具有目标及周边的部分图像,该声图用赤橙黄绿青蓝紫的顺序表达深度信息,赤色深度最浅。通过先验信息可知,该飞机残骸为 20 世纪 40 年代正式列装美国海军的格鲁曼战斗机 XF8F-1 "熊猫" 90460(图 5-74 所示)。

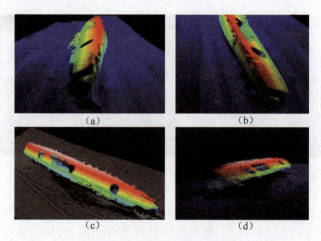

图 5-72 沉船多波束声呐声图

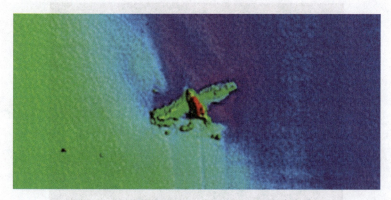

图 5-73 切萨皮克湾坠落飞机下视多波束声呐声图

图 5-74 美国海军的格鲁曼战斗机 XF8F-1"熊猫"90460 图

从图 5-73 中可以清晰看到有一架飞机的影像,图中左侧区域多为绿色,右侧区域多为蓝色,说明左侧区域水深要浅于右侧,在中央位置可以看到飞机形状的影像。声图中飞机的整体轮廓很清晰,飞机的两个机翼为一条直线,颜色为绿色;飞机的头部突出于两个机翼并处于两个机翼的中间位置,颜色为绿色;驾驶舱位于两个机翼的正中间位置,颜色为红色,说明机舱位置高于机翼;机舱至尾部为蓝色,疑似非连续,该段缺失部位的形状与飞机左侧机翼下方碎块形状相似;另外,在飞机周边存在部分散落的碎片等杂物,侧面说明下视多波束声呐的分辨率足够小,对细小目标的分辨能力很强。由于从该声图中无法获取水深等参照物的大小信息,所以无法对飞机的尺寸、失事位置做出具体判断。

2)飞机残骸案例二

图 5-75 是下视多波束声呐地形声图,其中飞机残骸的研究水域水深范围为 24~27m,大部分海底存在沙子。

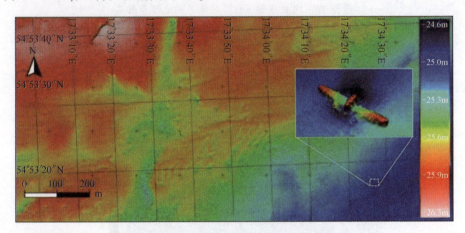

图 5-75 飞机残骸下视多波束声呐地形声图一

图 5-76 给出了飞机残骸的点云图。在图 5-76(a)和(b)中,能看到在海床平面上有不规则的凸起的目标,但根据目标形状并不能很好地识别出凸起目标为飞机残骸。在图 5-76(c)和(d)中,能够较清晰地观测到海床平面上凸起目标的大致形状,中间高度更高的是驾驶舱,在驾驶舱两侧是对称分布的机翼。结合多波束声呐声图以及获取的先验信息,可以判断出该凸起目标为飞机残骸。

7. 压块

图 5-77 给出了在靠近平台下压块的下视多波束声呐地形声图,声图中可以清楚看到目标形状特征呈现方形或长条形,从色彩分析与地形色彩相比颜色更偏暖,故压块目标水深小于地形水深,且有大量目标位于裸露管缆正上方,根据相关体特征与掌握的施工情况判断,此类目标为压块目标。

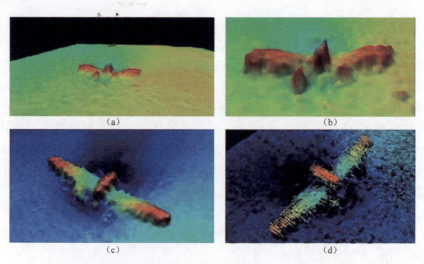

图 5-76 飞机残骸下视多波束声呐地形声图二

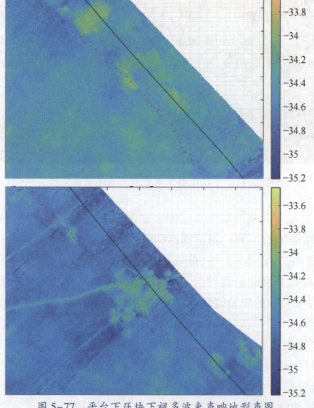

图 5-77 平台下压块下视多波束声呐地形声图

5.5 前视多波束成像声呐声图解译

5.5.1 声图结构解译

前视多波束成像声呐(图 5-78)是利用数字波束形成技术,在一定空间范围内形成了数以百计的极窄单波束,并同时接收来自不同方向的反射声波,最终得到了一张二维声学图像,每个单波束成像结果相当于是对当前空间的一个切面的成像结果(崔杰,等,2018;乔鹏飞,等,2021;王凯,等,2022;张俞鹏,等,2020;Cho,et al.,2018)。

图 5-78 前视多波束成像声呐实物图

前视多波束成像声呐的成像结果是每个时间瞬间声呐照射范围内的直观图像,类似于照相机取景成像,当前视多波束成像声呐连续工作时,图像可以显示为录像。此外,由于水中声速小于光速,因此前视声呐的成像范围一般较小。这和传统的侧扫成像声呐特征不同。

以图 5-79 水下细绳探测为例,了解前视声图成像特点。图中左侧为水中放置的细绳目标,在细绳上绑有螺杆、垫片等小目标;右侧为前视声呐的图像,可以看到扇形区域偏白色部分为水底区域,颜色偏深的蓝色部分为水体区域,黄色区域下方白色线状和点块状区域为混响区域(陈炜 等,2022;窦法旺,2017;乔鹏飞 等,2021;张俞鹏 等,2020;Abukawa,et al.,2013;Cho,et al.,2018)。

由图 5-79 可以看出,前视多波束声呐声图为扇形,较亮区域是物体的强反射,可以根据较亮区域的形状,判断是什么物体,声图中可以看到细绳的成像,细绳上凸起的节点即为螺杆、垫片等小目标。在扇形区域的左右两侧及下方,有较为明显的连续框状结构,此为消声水池。此外,前视多波束声呐声图还具有横纵坐标,纵坐标代表距离声呐中心点的垂向距离,横坐标代表距离声呐中心点的横向距离。

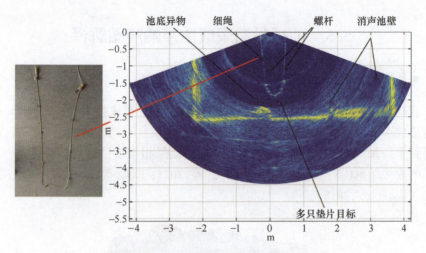

图 5-79　前视多波束成像声呐声图示意图

5.5.2　解译应用案例

1. 地貌

图 5-80 是前视多波束成像声呐地貌声图,采用与侧扫成像声呐声图类似色彩表示。图中下方区域整体都有均匀水底图像,判读前视多波束成像声呐安装角度与水平面夹角较大,即声波入射角较小,表明所需探查目标位于声呐下方位置,即所需探查目标深度深于声呐位置。从声图纹理特征判断此地貌为沙纹地貌,该声图纹理特征可与侧扫成像声呐沙纹地貌进行对比。

图 5-80　沙纹前视多波束成像声呐地貌声图

2. 沉船

图 5-81 是 2023 年利用前视多波束成像声呐对湖底探测声图,本次作业设备采用挂船形式,将设备通过安装支架固定在船只底部,水深 3~4m,声呐工作频率 750kHz,声呐朝向船只前进方向,水平开角 100°,垂直开角 20°,船只航速约 1kn,试验时风力弱,船只的运行轨迹波动受波浪影响较小。

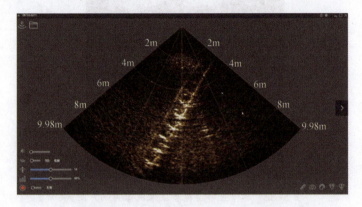

图 5-81　沉船前视多波束成像声呐声图

从图 5-81 中可以看到,扇形扫测区域内有一个长条形目标,目标轮廓呈现高亮效果,目标中间有明显横梁连接目标两条高亮边,结合先验调查信息,可以判断此目标为龙舟目标。由于前视扫测角度与扫测距离影响,此次探测未能获取完整龙舟图像,仅对沉底龙舟目标中段进行了扫测,加之声图中显示船只船舷并未有明显收敛趋势,中间隔断共 9 节明显少于前期调查获取的隔断数,故可确认此图像仅为沉底龙舟中段部分图像。

3. 水下鱼群

1)水下鱼群案例一

图 5-82 是前视多波束成像声呐声图,声图整体呈扇形,背景为黑色,左右两侧有距离标尺。声图分辨率较低,有一些噪声干扰,但并不影响对目标的识别,背景整体呈黑蓝色,目标呈现高亮区域,可以看到有鱼形状特征的高亮区域,上方大片的高亮区域判定为海底。

2)水下鱼群案例二

图 5-83 是钓鱼爱好者利用前视多波束成像声呐获取的声图,声图采用蓝白色冷色调,背景为蓝色。通过声图可以看到,图中的目标呈现亮色区域,虽与背景的区分度不是特别大,但是根据亮色区域的形状特征以及阴影特征,能较为明显地分辨出方框区域为两条鱼,在下方区域,还能明显看到鱼在悬浮游动

过程中产生的阴影。因此将两块高亮区域中的悬浮目标判定为游动的鱼,下方判断为海底。

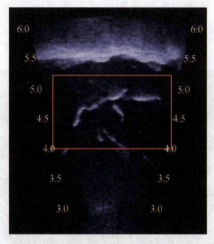

图 5-82　水下鱼群前视多波束成像声呐声图一

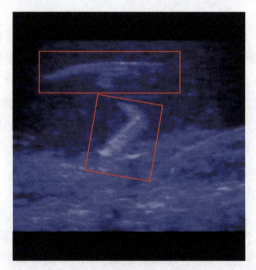

图 5-83　水下鱼群前视多波束成像声呐声图二

3) 水下鱼群案例三

图 5-84 是前视多波束成像声呐声图,图中下方区域出现水底图像,大部分图像并未有明显水底数据,前视多波束成像声呐安装角度与水平面夹角较小,即声波入射角较大,表明所需探查目标位于水体中,且声呐位置与目标深度基

本持平。声图上观察目标数量可数,整体形状特征明显,结合声呐探查角度判断,所探查目标应为水中鱼群。

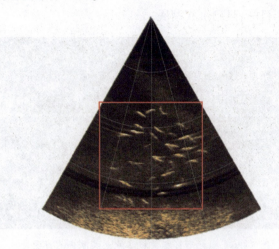

图 5-84 水下鱼群前视多波束成像声呐声图三

4. 人造目标

1)圆形目标

图 5-85 是 2022 年利用前视多波束成像声呐对湖内预先布设的圆柱目标(目标直径 330mm,长度 1220mm,质量 277.5kg,外部材质为金属,内部灌注水泥,外表面刷有红色油漆)进行探测声图。本次作业设备采用挂船的形式,将设备通过安装支架固定在船只底部,水深 3~4m,声呐工作频率 750kHz,声呐朝向船只前进方向,水平开角 130°,垂直开角 20°,船只航速约 2kn,试验时风力弱,船只的运行轨迹波动受波浪影响较小。

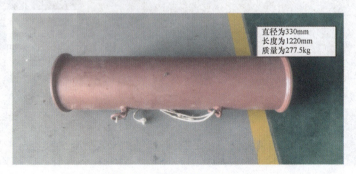

图 5-85 圆柱形目标实拍图

如图 5-86 所示,前视多波束成像声呐是沿着船只前进方向向前看,在声图扇形区域右侧中间部分,有一个 L 形状的亮斑,在上方横向亮斑较弱,右侧竖直亮斑较强,根据圆柱形目标布置方式可知,亮斑较弱的区域为绳子及浮球,亮斑较强区域为圆柱形目标,且已沉在湖底。

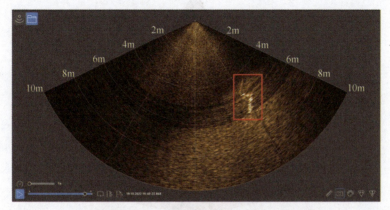

图 5-86　圆柱形目标前视多波束成像声呐声图

此外从扇形区域可看到,前视多波束成像声呐的探测范围为 10m,且每隔 2m 在扇形图中有辅助弧线,通过量测及图中比例尺可知,亮斑右侧竖直部分长度约为 1.2m,与圆柱形目标的实际长度基本相符。

2) 塔形目标

图 5-87 是 2022 年利用前视多波束成像声呐对湖内预先布设的塔柱目标(上表面直径 300mm,下表面直径 610mm,高度 270mm,质量 145kg,外部材质为金属,内部灌注水泥,外表面刷有红色油漆)进行探测声图。本次作业条件与圆形目标作业条件相同。

图 5-87　塔形目标实物图

如图 5-88 所示,在声图扇形区域右下部分,有一大二小 3 个亮斑,在左下的亮斑较强,上方及右侧的亮斑较弱,根据塔形目标的布置方式可知,较弱的亮斑为绳子及浮球,较强的亮斑为塔形目标,且已沉在某湖底。同样根据扇形区域量测及图中比例尺可以分析得到,最大亮斑的宽度约为 0.5m,与塔形目标的最大直径 610mm 基本相符。

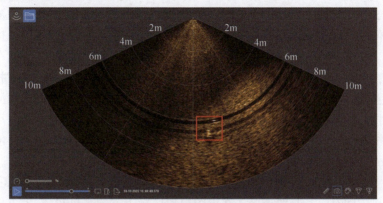

图 5-88　塔形目标前视多波束成像声呐声图

3）水泥块

图 5-89 是给出的前视多波束成像声呐声图中,下方区域整体都有均匀水底的图像,故判读前视多波束成像声呐安装角度与水平面夹角较大,即声波入射角较小,表明所需探查目标位于声呐下方位置即所需探查目标深度深于声呐位置。

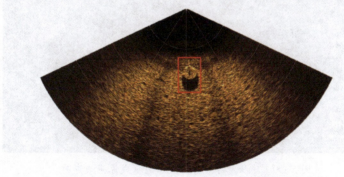

图 5-89　水泥块前视多波束成像声呐声图

前视多波束成像声呐的探测范围为 20m,每隔 5m 在扇形图中有辅助弧线,根据扫测范围较大可以判断当前使用频率为 750kHz。在扇形区域距离声呐位置一个等距线(单条为 5m)位置有一个呈圆形、背声面带有长阴影的物体,阴影长度较长代表此物体有一定高度,目标呈圆形但表面光滑且反射面亮度较高反射较强,可判断材质坚硬光滑,并推测该目标可能为圆柱形水泥柱,后续可采用1200kHz前视多波束成像声呐设备或更高频率设备对其进行近距离观测,判断目标具体属性。

4)球状悬浮目标

图5-38是2022年10月利用前视多波束成像声呐对湖底预先布设的悬浮目标成像图,其中悬浮球状目标重量轻、体积大,为悬浮状态,在球状目标上绑有重物、绳子和浮球,投入湖中后,重物在重力的作用下沉到水底,形成一个稳定的锚,拖拽住球状目标使其成为悬浮状态,且使球状目标在水中保持相对固定的位置,绳子连接重物、圆球形悬浮目标和浮球,且浮球露出水面。探测时设备采用挂船的形式,将设备通过安装支架固定在船只底部,水深3~4m,声呐工作频率750kHz,声呐朝向船只前进方向,水平开角130°,垂直开角20°,船只航速约2kn,试验时风力弱,船只的运行轨迹波动受波浪影响较小。

如图5-90所示,在声图扇形区域中间靠左部分,有上下两个较大亮斑,且两个亮斑中间有一条亮线连接。在声图扇形区域下方的亮斑较强,上方的亮斑较弱,根据圆形悬浮目标的布置方式可知,较弱的亮斑为沉底的重物,较强的亮斑为圆形悬浮目标,中间的亮线为绳子。在较大亮斑的下方,有个较大的阴影区域,该阴影区域是声波被圆形悬浮目标挡住所形成的,该阴影与目标亮区相分离,表明目标应为悬浮状态。

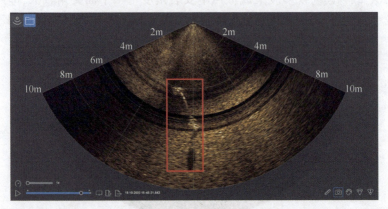

图5-90 球状悬浮目标前视多波束成像声呐声图

在扇形区域的两条边缘直线上,可以看到前视多波束成像声呐的探测范围为10m,且每隔2m在扇形图中有辅助弧线,通过量测及图中比例尺可以分析得到,最大亮斑的宽度约为0.5m,与球体目标的直径400mm基本相符。

5. 轮胎

图5-91是使用1200kHz与750kHz前视多波束成像声呐获取的声图,其中

上图为750kHz前视多波束成像声呐探测效果,下图为1200kHz前视多波束成像声呐探测效果,可以观察到频率会影响前视多波束成像声呐扫测范围,同时会影响前视多波束成像声呐量程和成像质量(即分辨率)。

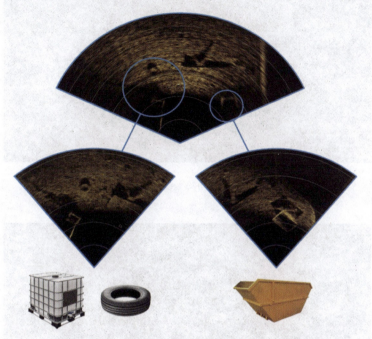

图5-91　水下杂物前视多波束成像声呐声图

通常来说扫测范围、量程与频率成反比,频率越高对应的扫测范围和量程越小。成像质量(分辨率)与频率成正比,频率越高对应的成像质量就越高。声图中目标可见轮胎、水箱、铲斗成像效果,从形状特征、尺寸特征和阴影特征即可判别出图中目标物。其中,轮胎整体呈圆形,圆形中间呈中空状态,轮胎有厚度,故中空区域会有阴影,另一侧轮胎壁会有强反射呈现高亮效果,轮胎最后方依旧是轮胎厚度所造成的阴影。水箱与铲斗形状更为清晰均为光滑的方形图像,通过观察阴影与高亮轮廓可判读。

6. 喷泉底座及电缆

图5-92和图5-93是2023年2月利用前视多波束成像声呐对湖内水下喷泉底座及周边电缆目标进行探测,本次作业设备采用挂船的形式,将设备通过安装支架固定在船只底部,水深3~4m,声呐工作频率750kHz,声呐朝向船只前进方向,水平开角100°,垂直开角20°,船只航速约1kn,试验时风力弱,船只的运行轨迹波动受波浪影响较小。

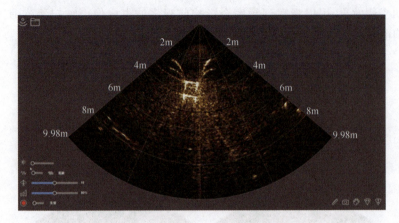

图 5-92　湖内单一喷泉底座及电缆前视多波束成像声呐声图

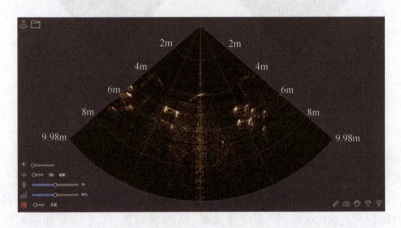

图 5-93　湖内多个喷泉底座及电缆前视多波束成像声呐声图

从图 5-92 和图 5-93 中可以看到,扇形扫测区域内有一个四边形目标,目标轮廓呈现高亮效果,四边形目标中间与水底泥沙呈现相同回波状态,可以分析出此四边形目标为空心坚硬结构,综合图像亮度观察很可能为金属目标;结合前期调查可确认,此四边形目标为喷泉底座钢架结构。此外,在声图四边形的 4 个角分别还有两条线形目标伸出,且呈现弧形逐渐消失于水底,可判断此目标为水下电缆目标,一端与四边形喷泉底座钢架结构相连,另一端掩埋于水底,每个钢架结构连接了 8 条电缆,且连接于钢架结构的边角处。

7. 水下板式热交换机

图 5-94 是前视多波束成像声呐采集到的声图。前视多波束成像声呐的探

测范围为40m,每隔10m在扇形图中有辅助弧线,根据扫测范围较大可以判断当前使用频率为750kHz。声图中两个等距线(单条为10m)位置有一个呈长方形,上层带有圆环状孔洞的物体。根据形状特征无法直接分析具体是什么目标,但是通过查阅此区域内水下物品资料,并结合光学图像可以对此物体进行判读,最终确定为水下板式热交换机。

图5-94 水下板式热交换机前视多波束成像声呐声图

8. 潜水员

图5-95给出的是前视多波束成像声呐声图,声图下方区域整体都有均匀水底图像,故判读前视多波束成像声呐安装角度与水平面夹角较大,即声波入射角较小,表明所需探查目标位于声呐下方位置即所需探查目标深度深于声呐位置。

图5-95 水中潜水员前视多波束成像声呐声图

根据声图中两个等距线(单条为2m)判断其扫测范围较小,其使用频率为1200kHz。在图中距离声呐位置一个等距线(单条为2m)处有一个呈人形目标,此目标可单从形状特征着手判图,判断此目标为潜水员目标。此外,从图中未观测到潜水员阴影,这可能是潜水员与声呐相对位置又较近,从而无法判断潜水员与声呐的具体深度距离。

图5-96给出的是前视多波束成像声呐声图,图中并未有明显水底数据,故判读前视多波束成像声呐安装角度与水平面夹角较小,即声波入射角较大,表明所需探查目标位于水体中,且声呐位置与目标深度基本持平。

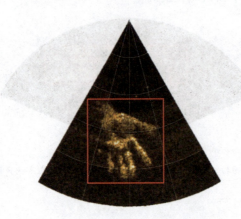

图5-96 人手前视多波束成像声呐声图

根据声图中两个等距线(单条为0.1m)判断其扫测范围较小,其使用频率为1200kHz。在图中距离声呐位置两个等距线(单条为0.1m)处有一个目标,可以简单从形状特征对目标进行分析,此目标为手,且通过等距线可对手长进行量测,手长约为0.2m,即20cm。

5.6 三维多波束成像声呐声图解译

5.6.1 声图结构解译

图5-97为三维多波束成像声呐声图结构示意图。三维多波束成像声呐声图与下视多波束成像声呐声图近似,都是以色彩表表示目标距离声呐的距离,三维多波束成像声呐优势在于可以及时地对扫描范围内的所有目标进行三维成像,给人的感受更加直观,也可从3个维度对三维多波束成像声呐的图像进行解译(图5-98)。

通常来说,三维多波束成像声呐图像所见即所得,通过调整显示角度,对所需观测目标进行充分观察,最终结合姿态传感器等辅助设备完成类似下视多波束成像声呐的水深色彩图。

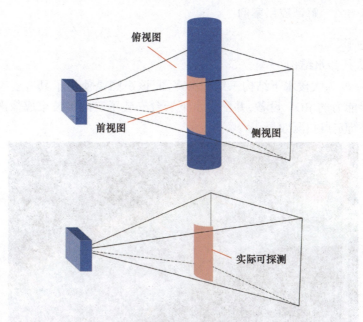

图 5-97 三维多波束成像声呐声图结构示意图

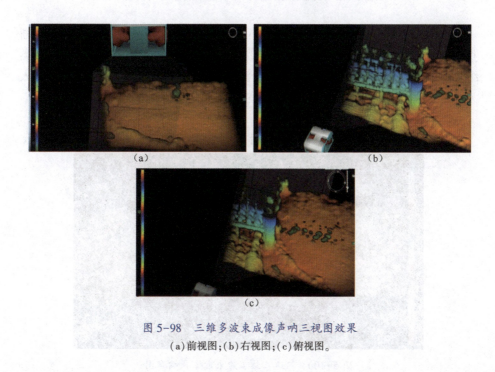

图 5-98 三维多波束成像声呐三视图效果
(a)前视图;(b)右视图;(c)俯视图。

5.6.2 解译应用案例

1. 地形

1）大楼涉水结构

图 5-99 为大楼水下结构三维扫测声图,该声图是使用了具有姿态修正和水下悬浮能力的 ROV 设备,并配合水下云台安装了三维多波束成像声呐对水下结构进行定点扫测效果。

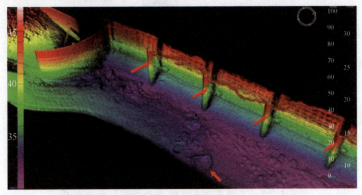

图 5-99　大楼涉水结构三维多波束成像声呐声图

声图中色彩表暖色调为水深值较小,冷色调为水深值较大。声图中可清晰直观地看到涉水结构中含有 4 根立柱,立柱后墙壁为方形格网结构,水底有类维修井方形设施,维修井有部分被淤泥淤积,可以判断此处应封存完好未有人为开合痕迹,此外,立柱中间的水底平整无淤积。

2）河道

图 5-100 是使用具有姿态修正和水下悬浮能力的 ROV 设备,配合水下云

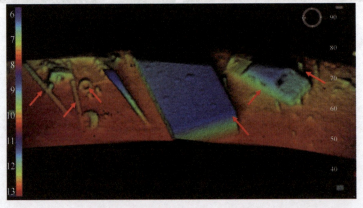

图 5-100　河道三维多波束成像声呐声图

台安装了三维多波束成像声呐对河道进行的定点扫测的声图。

声图中色彩表暖色调为水深值较大,冷色调为水深值较小。声图中可以清晰直观地看到河道中间有一个方形凸起平台,在方形凸起平台左侧有部分裸露管道和抛弃轮胎,在方形凸起平台右侧有一辆沉底三厢轿车,轿车的前引擎盖部分和后尾箱部分还裸露在淤泥表面,轮胎部分已经被淤泥完全淤积掩埋,且后窗玻璃和左侧玻璃已被水压冲破,轿车车底应该压着一根水下管道,故车尾高度是略高于车头高度的,从车尾色彩偏蓝车头色彩偏绿也可以佐证此判图结论。

2. 沉船

1) 沉船案例一

图 5-101 是使用具有姿态修正和水下定位能力的 ROV 设备,配合水下云台安装了三维多波束成像声呐,对沉船进行的行进拼图扫测声图。声图中色彩表暖色调为水深值较小,冷色调为水深值较大。声图中可以直观看出,水底沉船沉没原因为船体断裂,且沉底姿态为单侧斜躺于水底,可能贴近水底一侧有更多货物,或沉没时先从此侧灌入海水,从而导致船只侧倾最终造成船体断裂而沉没。

图 5-101　沉船三维多波束成像声呐声图一

2) 沉船案例二

图 5-102 是沉船三维扫测声图,声图中色彩表并非以水深值进行显示而是以目标距离扫测时声呐位置进行显示,暖色表明物体距离声呐位置较远,冷色表明物体距离声呐位置较近,可以看到此时的观测角度位于船只右侧,故声呐本体也处于沉船右上方位置。此外,通过观察声图还可以发现,从船体右侧并未发现明显破损痕迹,且船只沉底姿态较为平稳,船只驾驶舱、前甲板护栏等设施完整,该沉船沉没原因难以从声图中分析得到相关信息。

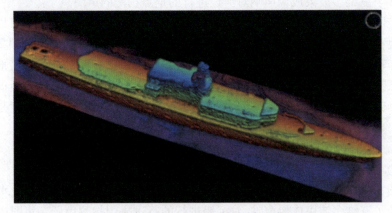

图 5-102　沉船三维多波束成像声呐声图二

3）沉船案例三

图 5-103 是沉船三维扫测声图,声图中色彩表冷色表明物体距离声呐位置较近。通过观察声图可以发现,船只整体朝一侧倾翻,船头朝图中左侧,船只右侧的护栏、驾驶舱依然完好,利用声图可对沉没船只进行坐标定位,并可标明目标的沉没深度约为 31.8m。

图 5-103　沉船三维多波束成像声呐声图三

4）沉船案例四

图 5-104 是沉船三维扫测声图,声图中色彩表冷色表明物体距离声呐位置较近。通过观察声图可以直观看出,水底沉船船体断裂,且沉底姿态为平躺于水底,断裂点水底地形起伏明显,判断船只可能是沉没后长期经过海水腐蚀而导致结构生锈断裂,而非因为船只断裂而沉没。

图 5-104 沉船三维多波束成像声呐声图四

5.7 三维合成孔径成像声呐声图解译

5.7.1 声图结构解译

三维声图通常来自于三维合成孔径成像声呐,可以对地形地貌、掩埋目标进行探测。图 5-105 是海底电缆和油管的三维图像,该图为截取的一个立方体,红色线代表立方体的边界线,深蓝色区域代表声波未探测到的区域。在立方体的顶面可以看到一条弯曲的浅白色线,根据先验信息判断此线为埋设的电缆;在靠近下方的面上,有一处黄色的点较为明亮,该点为埋设的油管在该面上的投影;在靠近右侧的面上,没有明显的目标(刘晨晨,2006;Bouziani, et al., 2021;Bull, et al., 2005;Levin, et al., 2019;Mizuno, et al., 2013;Mizuno, et al., 2014;Plets, et al., 2009;Wang, et al., 2021;Xu, et al., 2011)。

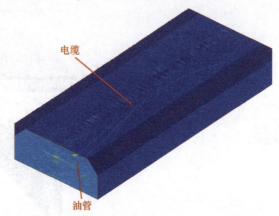

图 5-105 海底电缆和油管三维合成孔径成像声呐三维声图

声呐成像探测机理与图像解译

1. 三视图

三维合成孔径成像声呐获取的实时三维数据为海底到泥面以下的全三维数据,其基本像素为一个立方体,整个海底到泥面以下的部分被"立方体像素"均匀切分,并且针对三维目标都会采用二维投影的方式对其进行表示,即三视图的方式,从某角度观测将三维数据中一定范围内的数据叠加显示,如图5-106所示。

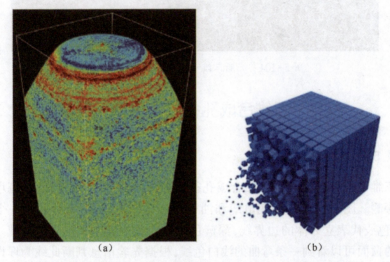

图5-106 实时三维合成孔径成像声呐全三维数据(a)和立方体像素均匀切割示意图(b)

图5-107~图5-109给出了三维合成孔径成像声呐正视图、俯视图、右视图、侧扫视图与曲面视图切剖作业方式。

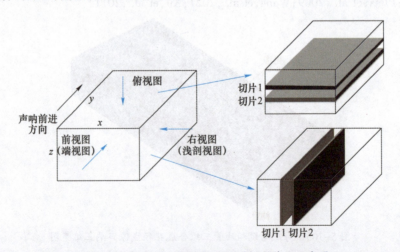

图5-107 正视图、俯视图、右视图切剖作业示意图

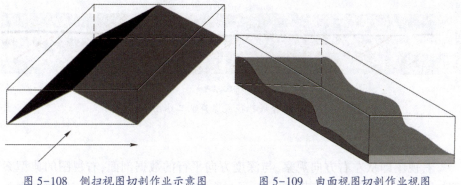

图 5-108　侧扫视图切剖作业示意图　　图 5-109　曲面视图切剖作业视图

1）正视图

正视图（图 5-110）即从航迹方向观察，与航迹方向垂直的数据剖面，该视图与下视多波束成像声呐窄波束判读分析方法类似。一般通过窄波束正视图，观察目标当前时刻（叠加部分过去时刻）所处深度位置，测量目标所处深度。

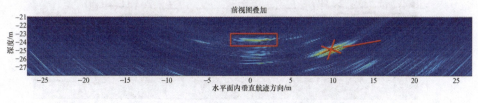

图 5-110　三维合成孔径成像声呐二维图（正视图）

通常情况下，前视图图像中间偏上位置会有明显高亮部分，此部分为低频声波对海床面的反射，可以视作声呐探头与海床面距离，可视为水深值。由于三维合成孔径成像声呐工作过程是沿着目标方向进行的，故在正视图中水中目标一般成像面都较小（如电缆、光缆等剖面），在图像上呈现弧形线状，弧形线状中心位置在纵轴投影即为目标所处深度，在横轴投影则为目标与载体的平面距离。

2）俯视图

俯视图（图 5-111）即从水深方向观察，与航迹方向平行的数据剖面。随着载体运动，通过窄波束叠加生成的海底三维体数据，观察水下目标物的各项特征，从正上方对生成的海底三维体数据进行厚度切分，将选取部分图像数据叠加显示，叠加形成的图像为俯视图。俯视图的图像特征可用来观察目标路由或俯视角形状尺寸，并可以对其展开量测计算工作。由于三维合成孔径成像声呐工作过程是沿着目标方向进行的，故在俯视图中目标一般都以路由信息呈现，判图方式与传统的侧扫成像声呐的分析方法类似（经过斜距-地距校正的侧视图）。

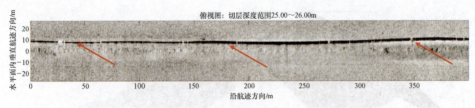

图 5-111　三维合成孔径成像声呐二维图(俯视图)

3) 右视图

右视图即从左右方向观察,与深度方向平行的数据剖面,右视图的典型案例如图 5-112 所示。随着载体运动,通过窄波束叠加生成的海底三维体数据观察水下目标物的各项特征,从右侧方对生成的海底三维体数据进行厚度切分,将选取部分图像数据叠加显示,叠加形成的图像为右视图,右视图的图像特征一般用来观察目标整体埋深或右视角形状尺寸,并可以对其展开量测计算工作。

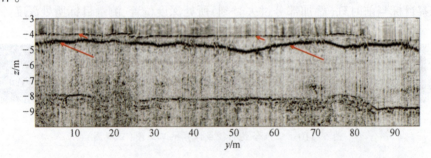

图 5-112　三维合成孔径成像声呐掩埋电缆二维图(右视图)

图像从上至下分别能够看到与水体数据明显区分的水底面分层(海床面),水底面分层往下即为掩埋部分成像效果。根据声波的特性(介质内传播),在地层变化和有目标的情况下,右视图中可以明显看到有分层或有目标出现的情况。目标根据材质、尺寸、埋深等特点一般会比地层分层表现得更亮、深度也会比较浅(一般掩埋目标所处地层都比较均匀,还未到地层有变化的深度)。一般通过观察目标在纵轴的投影与水底面分层在纵轴的投影即可量测目标的埋深。

图 5-113 为三维合成孔径成像声呐三维图的右视图截图,图中包含水下地层信息,以及地层下掩埋目标信息。图中靠上部分的彩色亮线为海底,在此线之上为海水,之下为地层;在图的下方有一条较宽的彩色亮线,疑似是声呐的二次回波;在海底与二次回波之间是地层;在地层中,有疑似沉船状的图像,怀疑为古代沉船。

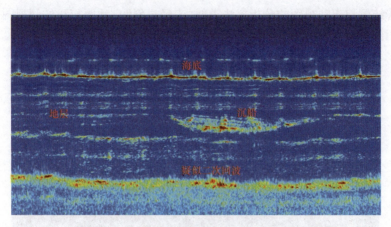

图 5-113　三维合成孔径成像声呐掩埋沉船二维图(右视图)

图 5-114 为三维合成孔径成像声呐三维图的俯视及右视图。在俯视图中,可看到海底以及目标的三维坐标信息,可更清楚地了解管缆类目标的连续路由以及埋深。在本俯视图中,横坐标代表的是经度,纵坐标代表的是纬度;图像的主体颜色为黄黑色,声波反射较强则视觉效果越亮;黑色部分为干扰。在右视图中,横坐标代表沿航迹线方向的长度,纵坐标代表距离设备底面的深度,可粗略等同于水深;图像主体为蓝黄色调,黄色为较强反射;在声图中,人为画出了黄蓝、黄红两条虚线,其中黄蓝两色虚线表示水底,黄红两色虚线表示掩埋的管缆目标。

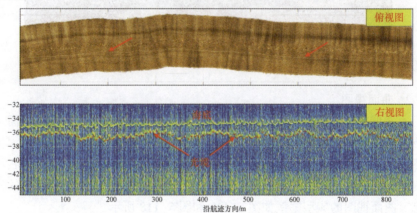

图 5-114　三维合成孔径成像声呐掩埋二维图(俯视图/路由图及右视图/埋深图)

2. 侧扫视图

侧扫视图是从左右两侧斜距方向观察,与航迹方向平行的数据剖面。该视图与传统侧扫声呐视图的分析方法类似(未经过斜距-地距校正的侧视图)。侧扫视图的典型案例如图 5-115 和图 5-116 所示。

图 5-115　三维合成孔径成像声呐水下掩埋抛石侧扫视图

图 5-116　三维合成孔径成像声呐水下航道整治建筑物侧扫视图

3. 曲面视图

曲面视图为沿着右视图、俯视图方向,采用曲面切割,而不是采用平面切割的方式获得视图。由于海底起伏的影响,以及海管、电缆、光缆所处的埋深位置并不固定,经常发生变化,因此采用曲面视图一方面可以更好地消除海底泥面以内杂波的影响,另外一方面可以更好地展现细电缆目标、细光缆目标的资料信息。曲面视图的典型案例如图 5-117 和图 5-118 所示。

■ 5.7.2　解译应用案例

基于三维合成孔径成像声呐图像不同视图进行判读解译过程中,也会结合侧扫成像声呐、下视多波束成像声呐等进行判读,从而能得到更准确的图像

图 5-117　三维合成孔径成像声呐掩埋管道三维数据体曲面视图
(沿目标埋深切剖—俯视图/路由图)

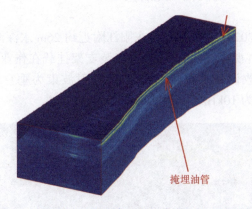

图 5-118　三维合成孔径成像声呐掩埋管道三维数据体曲面视图
(沿目标路由切剖—右视图/埋深图)

信息。

1. 光缆

1) 光缆案例一

图 5-119 是 2022 年 8 月利用低频三维合成孔径成像声呐在水深约 16m 海

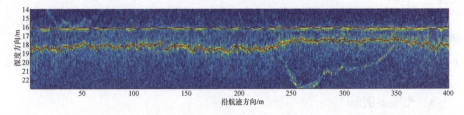

图 5-119　三维合成孔径成像声呐光缆右视图(埋深图)

域海底成像的右视图,声呐设备通过安装支架挂载在作业船舶的侧面,航速3~4kn,发射及接收设备垂直向下安装,所发射波束为垂直向下,波束开角为140°,其工作频率为10kHz。

声图中用蓝黄色调显示,黄色亮斑为强反射,红色线为后处理时人工点选后生成的,以辅助进行目标识别。该右视图有横轴和纵轴,纵轴代表深度,其坐标数字代表距离水面的深度;横轴代表长度,其数字坐标代表沿航迹方向的长度。

根据先验信息,该水域埋设有光缆。从该声图可以看出,有两条连续的线状亮斑,已经人工用红色连成了两条线,上面一条线是水底线,平均水深约16m,下面一条线是埋设的光缆,从纵坐标可以看出光缆的绝对深度在17~19m之间,即埋深为1~3m之间,平均埋深约2m。

2) 光缆案例二

图 5-120 是 2021 年 10 月在广东阳江附近约 26m 水深海域的低频三维合成孔径成像声呐右视图,声呐设备通过安装支架挂载在作业船舶的侧面,航速3~4kn,发射及接收设备垂直向下安装,所发射波束为垂直向下,波束开角为140°,其工作频率为10kHz。当地水深约 26m。

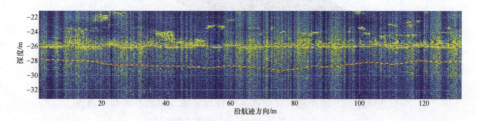

图 5-120 三维合成孔径成像声呐光缆右视图(埋深图)

该右视图用蓝黄色调显示,黄色代表强反射区域,红色线为后处理时人工点选后生成的,以辅助进行目标识别。该图有横轴和纵轴,纵轴代表深度,其坐标数字代表距离水面的深度;横轴代表长度,其数字坐标代表沿航迹方向的长度。

根据先验信息,水底埋设有光缆。从该声图可以看出,有两条连续的线状亮斑,已经人工用红色连成了两条线,上面一条线是水底线,平均水深约26m,下面一条线是埋设的光缆,从纵坐标可以看出光缆的绝对深度在28~29m之间,即埋深为2~3m之间,表明光缆处于掩埋状态。

3) 光缆案例三

图 5-121 是 2022 年 8 月利用低频三维合成孔径成像声呐在水深约 16m 海域海底成像的俯视图,声呐设备通过安装支架挂载在作业船舶的侧面,航速3~

4kn,发射及接收设备垂直向下安装,所发射波束为垂直向下,波束开角为140°,其工作频率为10kHz。

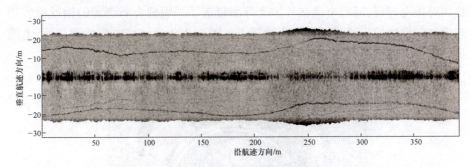

图 5-121　三维合成孔径成像声呐光缆俯视图(路由图)

该俯视图用黑白色调显示,黑色亮斑为强反射。该图有横轴和纵轴,纵轴代表垂直航迹方向的宽度,其坐标数字代表距离声呐正中心的宽度,声图中负值代表左舷,正值代表右舷;横轴代表长度,其数字坐标代表沿航迹方向的长度。

根据先验信息,水底埋设有光缆。根据该声图可以看出,有一条较粗的黑色中心线,该线为声波遇到海底产生的强反射,可以代表声呐中心的轨迹,在黑色中心线上下两侧各有一条连续的黑色细线,这两条线均为光缆,根据光缆走向的轨迹可以看出,这两条光缆为平行布置,间隔约35m。

4) 光缆案例四

图 5-122 同样是 2022 年 8 月利用低频三维合成孔径成像声呐在水深约 16m 海域海底成像的俯视图。从该俯视图可以看出,有一条较粗的黑色中心线,该线为声波遇到海底产生的强反射,可以代表声呐中心的轨迹,在黑色中心线上下两侧各有一条连续的黑丝线,这两条线均为光缆,根据光缆走向的轨迹可以看出,这两条光缆为平行布置,间隔约30m。

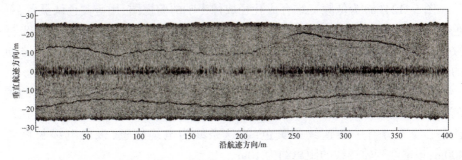

图 5-122　三维合成孔径成像声呐光缆俯视图(路由图)

2. 电缆

海底电缆和普通电力电缆都是用于电力传输的,普通电力电缆一般钢带铠装加外护套即可,海底电缆在外护套外面覆盖了一层混合着沥青的钢丝铠装层来增加敷设时的机械强度和防腐蚀能力。图 5-123 为海底电缆的横截面,电缆最外围的一圈白色亮点即为钢丝铠装层。

图 5-123　海底电缆的横截面

1)电缆案例一

图 5-124 是 2022 年 6 月利用三维合成孔径成像声呐在水深约 20m 海域海底成像的俯视图、右视图和侧视图。该三维合成孔径成像声呐包含了高频侧扫成像声呐、多波束测深仪、低频三维合成孔径成像声呐,声呐设备通过安装支架挂载在作业船舶的侧面,航速 3~4kn。其中,高频侧扫成像声呐工作频率 600kHz,安装角度 60°,开角 45°;多波束测深仪工作频率为 600kHz,发射及接收设备垂直向下安装,所发射波束为垂直向下,波束开角为 90°;低频三维合成孔径成像声呐工作频率为 10kHz,发射及接收设备垂直向下安装,所发射波束为垂直向下,波束开角为 140°。

图 5-124(a)为低频三维合成孔径成像声呐的俯视图,用蓝黄色调显示,黄色亮斑为强反射。该图有横轴和纵轴,纵轴代表垂直航迹方向的宽度,其坐标数值代表距离声呐正中心的宽度;横轴代表长度,其坐标数值代表沿航迹方向的长度。

根据先验信息,水底埋设有电缆。根据该声图可以看出,有一条较粗的黄色中心线,该线为声波遇到海底产生的强反射,可以代表声呐中心的轨迹,在黄色中心线下方有一条连续的黄色线,这条线为电缆轨迹,该段电缆长度约400m;该电缆到轨迹线的距离约为 10m。

图 5-124(b)为低频三维合成孔径成像声呐的右视图,图中用蓝黄色调显

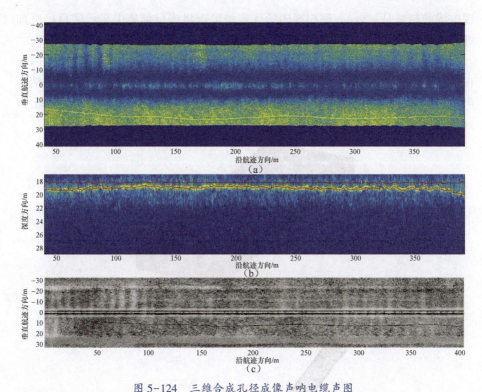

图 5-124 三维合成孔径成像声呐电缆声图

(a)三维合成孔径成像声呐电缆俯视图(路由图);(b)三维合成孔径成像声呐电缆右视图(埋深图);
(c)三维合成孔径成像声呐电缆侧扫视图(近似路由图)。

示,黄色亮斑为强反射,红色线为后处理时人工点选后生成的,辅助进行目标识别。该图有横轴和纵轴,纵轴代表深度,其坐标数值代表距离水面的深度;横轴代表长度,其坐标数值代表沿航迹方向的长度。根据先验信息,水底埋设有电缆。

根据该图可以看出,有两条连续的线状亮斑,已经人工用红色连成了两条线,上面一条线是水底线,平均水深约 18m,下面一条线是埋设的电缆,从纵坐标可以看出电缆的绝对深度在 19~20m 之间,即埋深为 1~2m 之间,电缆处于埋藏状态。

图 5-124(c)为高频侧扫成像声呐侧扫视图,图中用黑白色调显示,黑色亮斑为强反射。该图有横轴和纵轴,纵轴代表垂直航迹方向的宽度,其坐标数值代表距离声呐正中心的斜距宽度;横轴代表长度,其坐标数值代表沿航迹方向的长度。图 5-124(c)为需要横向观察,中间水平黑色亮斑区域为水柱区,在水柱区下方有一条黑色细线为电缆,将图 5-124(c)与图 5-124(a)对比,可以发

现电缆的趋势是一致的,侧扫视图的优势是可以将线目标集中显示使目标更加纤细清晰。

需要说明的是,仅通过声图 5-124(a)是不能判断电缆是否被掩埋的,因为在声图 5-124(a)中缺少电缆与海底线的深度信息,声图 5-124(a)必须要结合声图 5-124(b),才可以判断出其是否为掩埋状态。声图 5-124(b)可以给出目标与海底线的深度信息,如果海底线与目标的深度信息重合则电缆裸露。

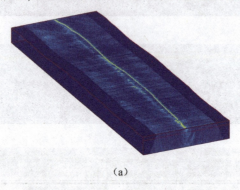

(a)

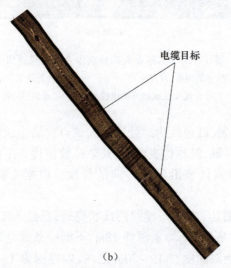

(b)

图 5-125　三维合成孔径成像声呐电缆声图
(a)三维合成孔径成像声呐完整三维数据体;
(b)低频三维合成孔径成像声呐的曲面视图(沿目标埋深切剖)。

2) 电缆案例二

图 5-125 是 2018 年利用三维合成孔径成像声呐在水深约 20m 海域海底成像的俯视图、右视图和侧视图。该三维合成孔径成像声呐包含了高频侧扫成像

声呐、多波束测深仪、低频三维合成孔径成像声呐,声呐设备通过安装支架挂载在作业船舶的侧面,航速3~4kn。其中,高频侧扫成像声呐工作频率600kHz,安装角度60°,开角45°;多波束测深仪工作频率为600kHz,发射及接收设备垂直向下安装,所发射波束为垂直向下,波束开角为90°;低频三维合成孔径成像声呐工作频率为10kHz,发射及接收设备垂直向下安装,所发射波束为垂直向下,波束开角为140°。

图5-125(a)为利用多波束测深仪声图和低频三维合成孔径成像声呐声图探测到的完整三维数据体,用蓝黄色调显示,黄色亮斑为强反射。图5-125(a)的顶面可类比为俯视图,中间有一条较粗的黄色亮斑组成的直线,该条线为声波打到海底后的反射线,其方向与声呐的运动轨迹是相同的,在该反射线旁边有一条较细的黄色亮斑组成的线,这条黄色细线为电缆的轨迹线。

图5-125(b)为低频三维合成孔径成像声呐的曲面视图。该声图在后处理过程中,为了让电缆轨迹线更清晰,将完整三维数据体按照电缆目标的埋深情况进行了深度方向的切剖,故从俯视面看此电缆目标清晰连续,便于观察该电缆,还间断性地增加了红色的虚线。

3) 电缆案例三

图5-126是三维合成孔径成像声呐的右视图,声图中用蓝色表示弱回波区域,如水体,用黄色代表回波较强的区域,即图中所示的线缆目标,通过两者之间的颜色对比可以确定线缆所在的位置,图中红色线为水底和掩埋线缆的标记线。

横纵坐标分别表征了深度和航迹距离,横坐标为航迹方向,其坐标值代表长度;纵坐标为声呐底部向下的纵向深度,其坐标值代表距离声呐底部的高度。通过声图可以看到,在28~29.5m的埋深处,存在一条较亮的线状目标,上面一条为海底线的反射线,水深为26m左右,下面一条线缆为掩埋电缆,埋深为2.5m左右。

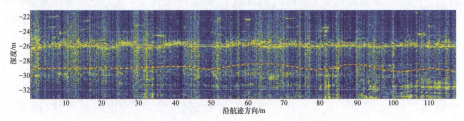

图5-126　三维合成孔径成像声呐电缆右视图(埋深图)

4) 电缆案例四

图5-127是三维合成孔径成像声呐声图,图5-127(a)为其俯视图,横坐标

为航迹方向,其坐标值代表长度;纵坐标为垂直航迹方向,其坐标值代表到声呐中心的横向距离,此外在声图中,负值代表左舷,正值代表右舷。图中用灰色表示弱回波区域如水体,用黑色代表回波较强的区域,即图中扫描到的目标。可以看到,在垂直航迹方向,右舷 40m 处存在一条清晰可见沿航迹方向的黑色线。根据与背景的对比,可以判断出其为电缆。

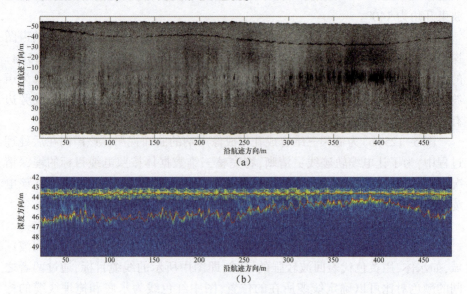

图 5-127　三维合成孔径成像声呐电缆声图
(a)三维合成孔径成像声呐俯视图(路由图);(b)三维合成孔径成像声呐右视图(埋深图)。

图 5-127(b)为其右视图,横坐标为航迹方向,其坐标值代表长度;纵坐标为声呐底部向下的纵向深度,其坐标值代表距离声呐底部的高度。通过声图可以看到,43~47m 的埋深处,存在两条较亮的线状目标,上面一条为海底线的反射线,下面一条为掩埋电缆,电缆的深度比海底线要深 2~3m,掩埋情况良好。

结合图 5-127(a)和图 5-127(b)可知,电缆的掩埋情况良好,且可获知电缆的连续路由和连续埋深。

5) 电缆案例五

图 5-128 是三维合成孔径成像声呐线缆右视图,图中用深蓝色代表回波比较弱的区域,如阴影;用蓝色表示回波正常的部分,如背景,也就是水体;用黄色代表回波较强的区域,即图中所示的线缆目标,通过两者之间的颜色对比可以得到线缆所在的位置,并且用红色线将水底线缆和掩埋线缆标记出来。

声图中横坐标为航迹方向,其坐标值代表长度;纵坐标为声呐底部向下的纵向深度,其坐标值代表距离声呐底部的高度。通过声图右视图可以看到,16~

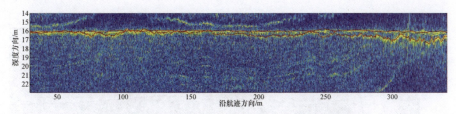

图 5-128 三维合成孔径成像声呐电缆右视图(埋深图)

18m 的埋深处,存在两条较亮的线状目标,上面一条为海底线的反射线,下面一条线缆为掩埋线缆。

在图 5-129 中可以看到,在 44~48m 的深度,存在两条较亮的线状目标,上面一条为海底线的反射线,下面一条线缆为掩埋电缆。

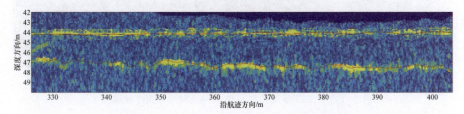

图 5-129 三维合成孔径成像声呐电缆右视图(埋深图)

在图 5-130 中可以看到,在 25~26m 的深度,存在两条较亮的线状目标,上面一条为海底线的反射线,水深为 25m 左右,下面一条线缆为掩埋电缆,埋深为 1~1.5m。

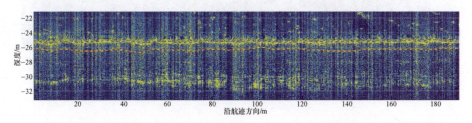

图 5-130 三维合成孔径成像声呐电缆右视图(埋深图)

6) 电缆案例六

图 5-131~图 5-138 是利用三维合成孔径声呐对 16cm 掩埋电缆进行路由及埋深探测的典型声图案例。综合俯视图和右视图,可以得知:①电缆的走向、平面分布位置、埋深等;②海底电缆空间连续路由、连续埋深信息和埋设状态,以及冲刷裸露情况;③海底电缆路由区域的水深变化;④电缆周围区域的地形、

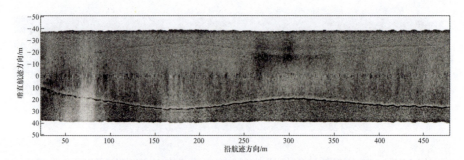

图 5-131 三维合成孔径成像声呐电缆俯视图(路由图)

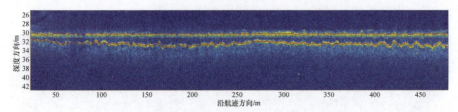

图 5-132 三维合成孔径成像声呐电缆右视图(埋深图)

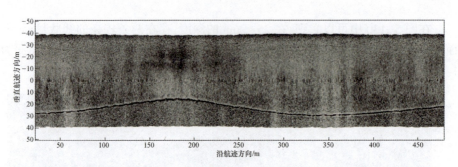

图 5-133 三维合成孔径成像声呐电缆俯视图(路由图)

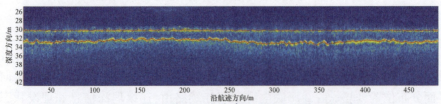

图 5-134 三维合成孔径成像声呐电缆右视图(埋深图)

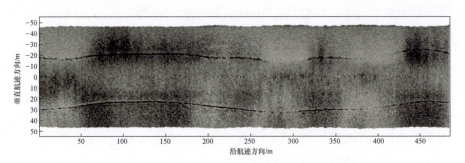

图 5-135　三维合成孔径成像声呐电缆俯视图（路由图）

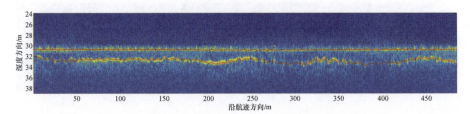

图 5-136　三维合成孔径成像声呐电缆右视图（埋深图）

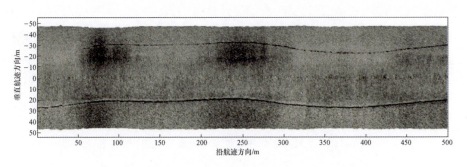

图 5-137　三维合成孔径成像声呐电缆俯视图（路由图）

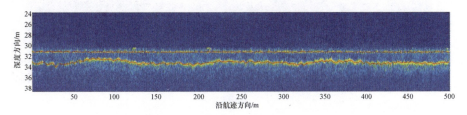

图 5-138　三维合成孔径成像声呐电缆右视图（埋深图）

地貌、浅地层情况;⑤收集信息互相检验,最终确定电缆信息,从而为平台和电缆的安全生产、运营和维护提供科学依据。

7) 电缆案例七

图 5-139~图 5-144 是利用三维合成孔径声呐对 12cm 35kV 细电缆登陆电缆段进行缆线路由、缆线埋深和水深地形探测的典型声图案例。通过区域探测,综合俯视图和右视图,实现了 10~30m 水深的海底地形地貌、沉底目标及掩埋目标的高清声学探测成像,获取了高精度的海底管线和电缆路由信息,并结合先验知识确认电缆直径为 12cm。

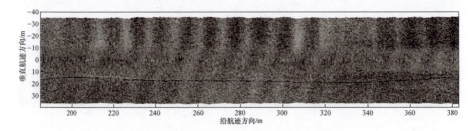

图 5-139　三维合成孔径成像声呐电缆俯视图(路由图)

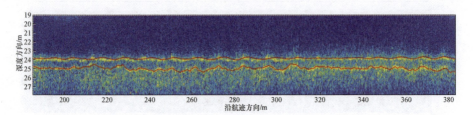

图 5-140　三维合成孔径成像声呐电缆右视图(埋深图)

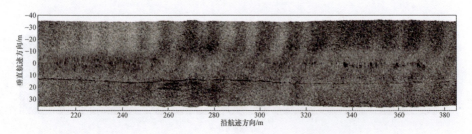

图 5-141　三维合成孔径成像声呐电缆俯视图(路由图)

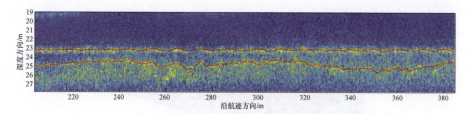

图 5-142　三维合成孔径成像声呐电缆右视图(埋深图)

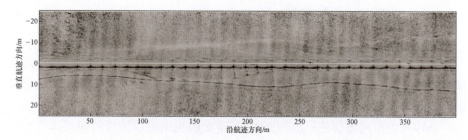

图 5-143　三维合成孔径成像声呐电缆俯视图(路由图)

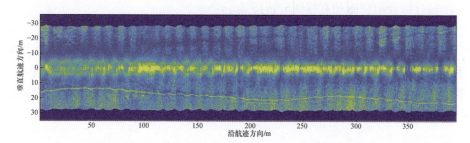

图 5-144　三维合成孔径成像声呐电缆右视图(路由图)

3. 管道

1) 管道案例一

图 5-145 为 2018 年利用三维合成孔径成像声呐在水深约 30m 海域海底成像的三维合成孔径成像声呐管道完整三维数据体声图。该三维合成孔径成像声呐包含了高频侧扫成像声呐、多波束测深仪、低频三维合成孔径成像声呐,声呐设备通过安装支架挂载在作业船舶的侧面,航速 3~4kn。其中,高频侧扫成像声呐工作频率 600kHz,安装角度 60°,开角 45°;多波束测深仪工作频率为 600kHz,发射及接收设备垂直向下安装,所发射波束为垂直向下,波束开角为 90°;低频三维合成孔径成像声呐工作频率为 10kHz,发射及接收设备垂直向下安装,所发射波束为垂直向下,波束开角为 140°。

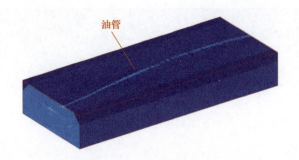

图 5-145　三维合成孔径成像声呐管道完整三维数据体声图

图 5-145 为三维图像,其判读主要是根据三维坐标进行判断,通常来说其横纵坐标(x,y)是融合了 GPS 定位信息后的经纬度坐标,其深度坐标(z)是以水面为 0 的深度坐标。

该声图为海底底层的三维剖面图,其顶面的视图是以油管的埋深作为坐标显示的切面,从顶面可以清晰看到线目标在海底的走向。根据先验信息可知,该声图中连续的掩埋线目标为油管。油管具体的长度和埋藏深度等信息需进一步通过综合俯视图和右视图分析得到。

2) 管道案例二

图 5-146 为 2019 年利用三维合成孔径成像声呐在水深 3~5m 获取的右视图,声图横轴代表航迹方向的距离,单位为米(m),纵轴代表距离水面的深度,单位为厘米(cm);此外声图中深蓝色区域为水体,浅蓝色区域为海底,在浅蓝色区域中有亮斑,该亮斑为海底的掩埋物。

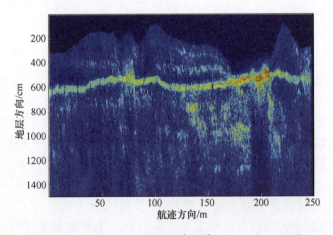

图 5-146　三维合成孔径成像声呐管道右视图(埋深图)

根据先验信息可知,在海域中连续的长条状亮斑为管道,其余位置的亮斑为海底中的大块沉积物。根据横纵轴坐标可以知道,该段管道的长度为250m,其距离声呐底面5~6m。管道平均埋深约为2m,在航迹方向170~220m的区域,管道的埋深不足0.5m,有较高的裸露风险。

3)管道案例三

图5-147为2019年利用三维合成孔径成像声呐在水深3~5m获取的声图,该图为右视图与俯视图通过数据融合技术得到的沿管道走向的叠加声图。声图的右视图上出现了海底和管道,从而展现了管道的埋设情况;声图的俯视图上展视了管道在水平面上的路由和走向。

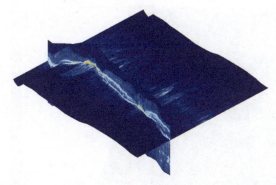

图5-147 三维合成孔径成像声呐管道曲面视图(沿目标路由及埋深同时切剖)

声图中深蓝色区域为水体,浅蓝色区域为海底,在浅蓝色区域中有亮斑,该亮斑为海底的掩埋物。声图的三维坐标可以通过原始图片获取,在该声图中可以看到海底面的深度、管道的绝对深度、管道的埋深、管道的走向等信息。

4. 管沟

图5-148~图5-150分别给出了压块及管沟的三维合成孔径成像声呐俯视图、单波束侧扫成像声呐地貌图和下视多波束成像声呐地形图,通过综合分析可知,声图中有斜穿本段电缆的其他管线目标,形成压块地貌;斜穿电缆的其他管线目标有沟内裸露的状态。

图5-148 三维合成孔径成像声呐压块及管沟俯视图-路由图

图 5-149　单波束侧扫成像声呐压块及管沟周边地貌图

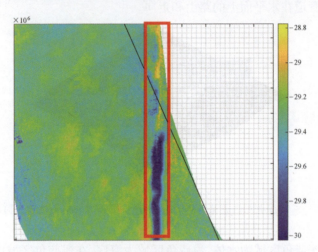

图 5-150　下视多波束成像声呐压块及管沟周边地形图

5. 压块

1) 压块案例一

图 5-151、图 5-152 和图 5-153 分别给出了压块及管沟的三维合成孔径成像声呐俯视图、单波束侧扫成像声呐地貌图和下视多波束成像声呐地形图，通过综合分析可知，声图路由中有一处交叉段上覆盖了两组压块。

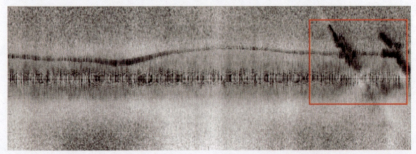

图 5-151　三维合成孔径成像声呐压块俯视图-路由图

图 5-152 单波束侧扫成像声呐压块周边地貌图

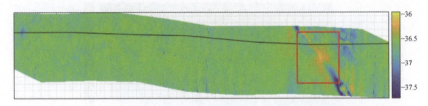

图 5-153 下视多波束成像声呐压块周边地形图

2) 压块案例二

图 5-154、图 5-155 和图 5-156 分别给出了压块及管沟的三维合成孔径成像声呐俯视图、单波束侧扫成像声呐地貌图和下视多波束成像声呐地形图,通过综合声图分析可知,声图中有两条其他管线穿越本条电缆而过,在该处形成两段压块地形地貌。

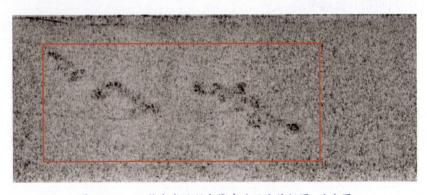

图 5-154 三维合成孔径成像声呐压块俯视图-路由图

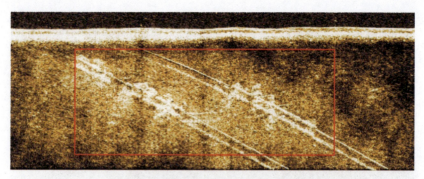

图 5-155 单波束侧扫成像声呐压块周边地貌图

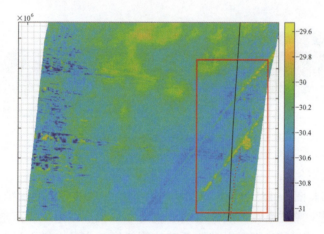

图 5-156 下视多波束成像声呐压块周边地形图

6. 风机桩及掩埋电缆

图 5-157 和图 5-158 分别为三维合成孔径成像声呐掩埋 12cm 电缆及风机

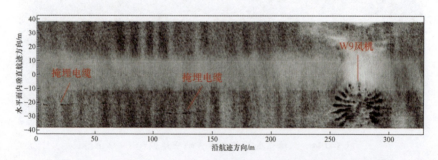

图 5-157 三维合成孔径成像声呐掩埋电缆及风机桩俯视图-路由图

桩俯视图和单波束侧扫成像声呐掩埋电缆及风机桩地貌图。从三维合成孔径成像声呐声图,可以看到掩埋于挖沟中的电缆目标与打入泥下的风机桩桩腿;从单波束侧扫成像声呐声图上,可观察到电缆挖沟目标和裸露的风机桩基。

图 5-158　单波束侧扫成像声呐掩埋电缆及风机桩地貌图

7. 水泥球

图 5-159、图 5-160 和图 5-161 为三维合成孔径成像声呐水泥球声图和单波束侧扫成像声呐沉底球目标地貌图。其中俯视图中,横向方向为沿航迹线方向,实际长度为 70m;纵向方向为垂直航迹线方向,实际长度为 30m。在右视图中,横向方向为沿航迹线方向,实际长度为 24m;纵向方向为深度方向,表征的深度 10m,范围是从 20m 到 30m 之间。综合 3 个声图分析可知,3 个球型目标呈现高亮,且由地貌图可知,3 个球型目标之间存在互相连接的绳索类目标。

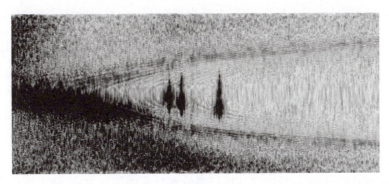

图 5-159　三维合成孔径成像声呐水泥球俯视图-路由图

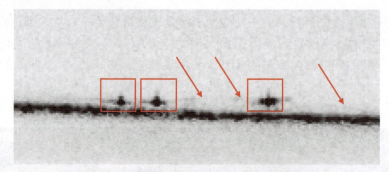

图 5-160　三维合成孔径成像声呐水泥球右视图-埋深图

图 5-161　单波束侧扫成像声呐沉底球目标地貌图

◎ 5.8　单波束浅地层剖面成像声呐声图解译

■ 5.8.1　声图结构解译

浅地层剖面技术是利用声波在不同介质中传播的性质不同,不同介质界面处(声阻抗界面)会发生反射与透射,透射波在下一个界面处继续产生反射波与透射波,进而通过分析接收记录的反射波返回时间、振幅、频率等信息,获得声波有效穿透地层的特征与性质。浅地层剖面成像声呐的工作频率在几百赫到几万赫之间,声波频率越高,地层垂直分辨率越高,但同等条件下的穿透深度越小。

单波束浅地层剖面成像声呐图像与三维合成孔径成像声呐右视图(埋深图)非常相似。如图 5-162 所示水底与水体间有明显交界处,地层分层时会有明显分层图像显示,硬质底层的分层线比淤泥的分层线更清晰,由于浅地层剖面成像声呐扫测管缆目标时多使用横切管缆目标的扫测方式,故当地层中有管缆目标物,通常会以多个叠加的弧形线状成像展示。

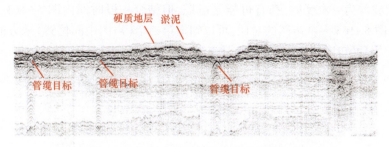

图 5-162　单波束浅地层剖面成像声呐地层与管缆声图

■ 5.8.2　解译应用案例

图 5-163 和图 5-164 是使用浅地层剖面成像声呐对海底掩埋目标探测所得到的声图,浅地层剖面成像声呐的载体为一自主动力船,航速约为 3kn,声呐垂直向下探测。

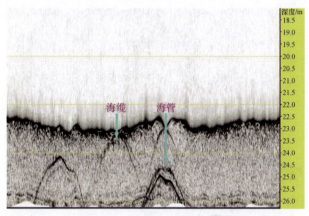

图 5-163　单波束浅地层剖面仪成像声呐海管及电缆声图一

根据先验信息,该海域埋藏了一根电缆和一根海管。图 5-163 中存在三处反射区域,左侧和中间出现的反射为一次反射,判断可能是电缆,根据一段时间内图 5-163 和图 5-164 对比,可知中间位置的反射是连续出现的,故中间为电缆,根据海底面反射和电缆反射的垂直方向坐标可知,电缆埋深在 0.5m 以内。右侧出现的反射为多次反射,判断为海管,根据最强两次反射之间的垂直坐标差可知,该海管直径约 0.5m,图 5-163 中埋深约为 2.5m,图 5-164 中埋深约为 1m。

此外在图 5-165 中,判断最左侧的反射为海管,且根据最强的两次回波的垂直方向的差值可知,该处海管的直径约为 1m,埋深约 2m。第二和第三个地方的回波均为一次反射,都有可能是电缆,但结合一段时间内图 5-163、图 5-164 和图 5-165 多个声图的对比,可以知道第二个(声图中间位置)地方的反射是连续的,可知该处为电缆,且埋深较浅,几乎在海底表层。

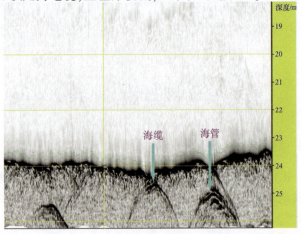

图 5-164 单波束浅地层剖面仪成像声呐海管及电缆声图二

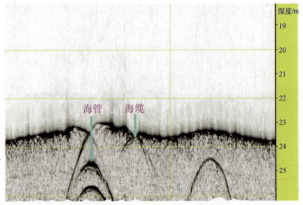

图 5-165 单波束浅地层剖面仪成像声呐海管及电缆声图三

5.9 参量阵浅地层剖面成像声呐声图解译

5.9.1 声图结构解译

因参量阵浅地层剖面声呐成像原理与单波束浅地层声呐成像原理完全相同,仅是换能器产生低频声波的方式有所升级改进,故参量阵浅地层剖面成像声呐声图结构与单波束浅地层剖面成像声呐一致。

5.9.2 解译应用案例

1. 地层案例一

图 5-166 是 2010 年 4 月利用参量阵浅地层剖面成像声呐在水深介于 2.0~6.0m 之间的天然港池测量图像,并在 11.0m、12.0m 深度处采取泥样,该海域相对封闭,水动力条件较弱,浅层沉积为流塑-软塑状态淤泥质粉质黏土。

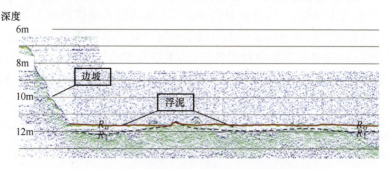

图 5-166 参量阵浅地层剖面成像声呐地层声图

测量声图结果显示,其高频信号反射界面(R_0)连续平缓,在 R_0 之下约 0.5m 处存在一不规则反射界面(R_1),发射能量较强,界面连续。R_0、R_1 之间存在一声学透明层,层内没有明显回波信号,表明该层内部物理性质均匀。浮泥层厚度在港池内分布无明显规律,其顶界面呈水平状,底界面则随疏浚深度变化而变化,浮泥层局部厚度则可达 1.0m。

2. 地层案例二

图 5-167 给出的是参量阵浅地层剖面成像声呐声图,通过声图可以看到深

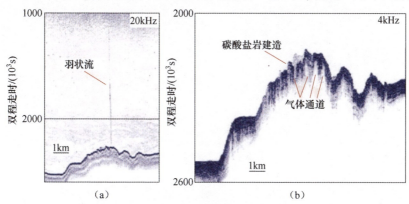

图 5-167 参量阵浅地层剖面成像声呐海底羽状流及渗漏通道地层声图
(a)水体中的羽状流特征;(b)浅部气体通道。

水天然气在水中呈现羽状流特点,同时还可以从地层数据中分析出气体通道位置。

◎ 5.10 小　　结

本章主要针对侧扫成像声呐、下视多波束成像声呐、前视多波束成像声呐、三维多波束成像声呐、三维合成孔径声呐、浅地层剖面成像声呐等不同类型成像声呐,结合成像机理进行了声图图像结构解译和图像特征解译研究。

为更好地理解声图结构和图像解译,本章还重点通过地形地貌和沉船、光缆、电缆、管道等具有悬浮、沉底或掩埋特征的点、线等典型目标样例解译分析研究,从而可以在实际应用过程中更好地利用声图信息进行分析研判,获取更多目标特征信息。

第 6 章
声呐成像影响因素

声呐成像影响的主要因素除了声呐设备本身,还包括声呐作业条件、水声环境、声图成像与处理等多种因素。

6.1 声呐设备

1. 换能器基阵

声呐发射与接收换能器基阵(包含收发合置换能器)质量与发射、所接收声波质量直接相关,换能器的工作频率、频带宽度、耐压等级、整体硫化平整度、声波指向性、声源级等是影响声呐成像质量的重要因素。

对于标准声呐产品来说,换能器没有被物理性破坏,或声呐在安装时没有对其造成一定程度的弯曲或压缩,都可以认为换能器都处于正常工作状态。

2. 信号形式

目前水声信号一般采用线性调频信号,即前文中所描述 LFM 信号,但也有部分声图是使用 CW 脉冲信号采集而来,信号形式的不同会造成图像质量的不同,但通常情况下对声呐成像质量影响较小。

3. 电子系统

对于标准声呐产品来说,电子系统没有被物理性破坏,在使用时没有将其暴露在强磁场或强电干扰区域内,则可以认为电子系统都处于正常工作状态。

1) 发射电子系统

水声信号一般采用线性调频等调制方式,其信号不是单一幅度和频率的简单信号。声呐中多信道信号发射电子系统大部分是在水下工作,要求其具有大功率、高效率、小体积、程控发射等特点。因此,也就需要解决功耗偏大、噪声偏大、采集精度不高等问题。

2) 接收电子系统

声呐接收电子系统一般是接收和处理来自接收换能器基阵的信号,需要完成信号放大、信号滤波、信号检测等工作,接收机的灵敏度决定了接收机能正常允许输入的最小信号强度,接收电子系统的设计检测阈决定了整个接收电子系统的性能,接收电子系统的动态范围决定了接收电子系统能够正常工作的输入信号的变化范围。

◎ 6.2 声呐作业条件

■ 6.2.1 载体

声呐通常安装在拖鱼、船舶、水下机器人上工作。从使用方式来区分,可分为挂船安装和拖鱼安装两类。一般情况下,下视多波束成像声呐、三维合成孔径成像声呐等会搭配光纤惯导等高精度姿态测量修正仪器,其航向、横滚、俯仰和深沉等姿态变化会进行修改,其载体对成像的影响较弱。但侧扫成像声呐通常内部不含有姿态修正设备,其载体对成像的影响非常明显。

1. 挂船

挂船安装的侧扫声呐成像质量主要受到声呐安装位置、船只转向和安装支架的刚性的影响。图6-1为单波束侧扫成像声呐载体转向导致的地貌声图拉伸效果图。声呐安装位置应尽可能远离推进器位置与出水孔位置,避免由于水流冲击和推进器搅动而产生大量气泡对声呐成像影响。并且,在声呐扫测过程中,应尽量保证测线按照直线进行扫测工作,避免转向带来的声图拉伸现象。

图6-1 单波束侧扫成像声呐载体转向导致的地貌声图拉伸效果图

2. 拖鱼

拖鱼(与水下机器人类似)的横滚、俯仰和深沉等姿态关系到声波发射和接收的角度,由于距离对于震动的放大效应,载体姿态变化在经过较远探测距离的放大后,可能造成无法照射到目标,或目标反射声波无法被接收的情况,导致无法完成对目标探测成像(Doucet,et al.,2001;Eleftherakis,et al.,2018;Fakiris,et al.,2018;Gao,et al.,2021)。

在图 6-2 中,水柱区的左侧是一艘古代沉船,图 6-2(a)中可较清晰地看到沉船的形状,在沉船中间还有一根桅杆,声图中还可以看到桅杆的亮斑以及桅杆遮挡区域的阴影。但当声呐载体不稳定时,如产生横滚、航向变化时,探测得到的声图形状、清晰度都会受到影响,如图 6-2(b)所示,目标较正常探测得到的声图产生了严重扭曲。实际上,声图会出现扭曲、不清晰、干扰条纹等现象。

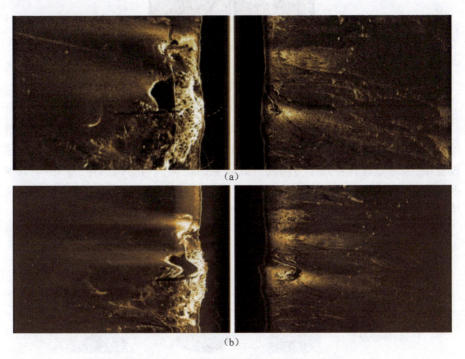

图 6-2 载体姿态对侧扫声呐成像影响示意图
(a)载体姿态稳定时的侧扫声呐成像声图;(b)载体姿态不稳定时的侧扫声呐成像声图。

图 6-3 给出了单波束侧扫成像声呐由俯仰引起的图像横纹,在声图两侧均出现由俯仰引起的横纹现象。

图 6-3 单波束侧扫成像声呐由俯仰引起的图像横纹

6.2.2 航速

侧扫声呐成像记录海底基本特征,通常情况下不以真实比例显示海底面特征,造成其失真的主要因素是航速,主要影响沿航迹方向的成像。在实际应用过程中,可通过计算将每个方向转变成真实的比例。当侧扫成像声呐所有其他因素不变,声呐通过目标的速度越快,记录上显示的目标越短(图6-4),并且由于更少回声来自目标,声图细节显示有所降低。

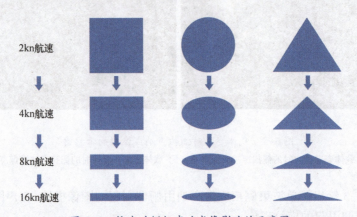

图 6-4 航速对侧扫声呐成像影响的示意图

图 6-5 给出了侧扫声呐分别以 2kn 和 4kn 拖曳速度通过对目标成像时,目标被压缩(或伸展)的侧扫声呐成像声图。

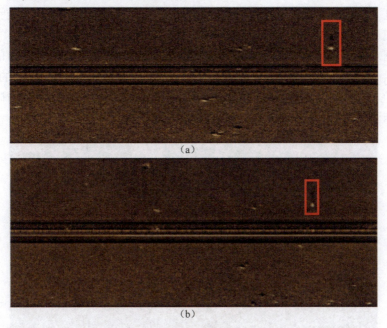

图 6-5　航速对侧扫声呐成像影响的示意图
(a)2kn 拖曳速度;(b)4kn 拖曳速度。

■ 6.2.3　水深与入射角

水深和入射角对侧扫声呐成像的影响是耦合在一起的,主要体现在影响声波的入射角度,进而体现在成像时形成的亮面和阴影的长度,及其声呐探测距离的变化,因此水深对声呐成像的影响,通常与入射角共同考虑。

当声波以垂直于目标的方向传播时,声波能够在目标表面反射回来形成清晰的回声信号,这种情况下可以获得最好的图像质量。但当声波以斜向目标的角度传播时,回声信号会出现方向性的展宽和失真,声图的清晰度和精度都会受到影响,影响程度取决于入射角的大小。

当水深在声呐设备的量程范围内,对声呐成像影响较小。但是由于探测距离的变化,由于声波将在传播过程中逐渐衰减,这会导致接收到的回波信号变弱,导致目标物的细节信息会丧失;其次,吸收和散射的影响,声波在传播时也会发生频谱扭曲,导致信号带宽降低(带宽越窄,回波信号所包含的信息就越少);此外,由于衰减和散射的原因,回波信号通常会与环境噪声混合在一起,当探测距离增大时,环境噪声也会随之增加,回波信号信噪比下降,导致检测和识别目标物变得更加困难;加之由于声波在水中传播需要一定时间,测距误差会随着探测距离的增加而增大,加之声波传播路径可能变得更复杂,从而影响定位精度。在实际使用过程中,声呐在不同水深时,要对声呐的入射角进行调整,以便使目标在声呐的探测范围内。

图 6-6 给出了前视多波束声呐在水深不变,单纯改变声呐入射角的情况下,对悬浮目标(直径 40cm 悬浮球,浮球下方有一重物,用绳索连接)的成像。不同的入射角,可以探测到的图像是有区别的,在图 6-6(a)中,可以清晰地看到目标、配重与绳索,在图 6-6(b)中,只能看到目标。

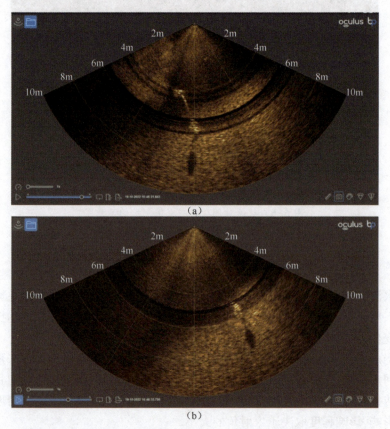

图 6-6　不同入射角对前视多波束声呐成像影响的示意图

在声呐探测量程范围内,主要是入射角对声呐成像的影响。图 6-7 给出了单波束侧扫成像声呐对水底横躺水泥管道的声图。声呐的安装方式为挂船安装方式,扫测设备相同,扫测高度相同,换能器安装角度相同,由于所测线与目标间距不同,从而导致对目标探测成像的入射角发生变化。通过两张声图比较可以看出,左侧声图是在测线与目标较远时获得,目标亮度高且带有长阴影;右侧声图是在测线与目标较近时获得,目标亮度高但阴影明显短很多,这就是入射角对声呐成像带来的影响。

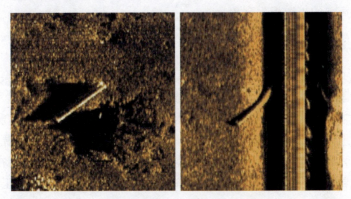

图 6-7 入射角对侧扫声呐成像的影响示意

6.3 水声环境

6.3.1 声呐方程

声呐方程是综合水声中各种现象和效应,对声呐设备设计和应用所产生影响的关系式,它将声呐设备、海水介质和探测目标联系在一起,上述过程可以归纳为一个有源声呐方程,可对在不同噪声能级、输出声源级等环境下的声呐工作状态进行预测。

主动声呐:SL-2TL-(NL-DI)+TS-RL=DT

被动声呐:SL-TL-(NL-DI)=DT

式中:SL 为声源级,即发射声脉冲强度;TL 为发射损耗,即脉冲传至目标及从目标返回的损耗总值;NL 为噪声水平,即换能器接收到的噪声;DI 为方向性系数表达,由于声呐带宽有限而对噪声起抑制作用的系数;TS 为目标强度,从目标反射回来的声强与向目标发射的入射声强之比;RL 为混响级;DT 为检测阈值,声呐系统能够检测的最低信号电平。

在实际使用过程中,声呐实际测量性能会有所变化,有些因素难以通过理论计算或实际测量确定,例如目标强度(TS)在实际情况下,取决于侧扫成像声呐姿态,声呐相对于目标取向等一系列可变的因素。一般情况下,粗略地说,声呐分别在 50kHz、100kHz、500kHz 的工作频率,对应的测量作用距离分别约为 600~700m、250~350m、100~150m。

6.3.2 水声传播

水声传播现象会对声呐成像质量产生较大影响,比较关键是声波的吸收损失现象和声波的扩散损失现象。

6.3.3 背景噪声

海洋中任何时候都有大量的噪声源,当噪声抵达声呐换能器,就会与我们所需的声信号一起进行处理,从而在声呐成像记录上可能按不同方式显示出来,有时它们可能引起很大的干扰,降低了声图的价值,甚至被误认为仪器出现问题。

广义地说,背景噪声是非发射脉冲所引起的其他到达声呐的声源。背景噪声主要分为环境噪声与自身噪声。环境噪声是不管声呐设备是否存在,介质中总是存在着噪声。自身噪声是声呐设备本身所产生的噪声,或其他正在使用仪器的噪声。

1. 环境噪声

环境噪声种类很多,其中对声呐成像影响较大的有:

(1)海面噪声:海面波浪在水中产生低电频声学噪声,海况变坏时,该噪声的能级电和频率范围均增大。

(2)人为因素噪声:在岸边或离岸海域人们活动也会对环境造成噪声,在港口地区,可能由其他船只或建筑作业(如打桩)产生噪声,在石油平台附近,钻井作业平台机械都可能会产生噪声。

(3)生物噪声:大量海洋动物是潜在的噪声源,海豚通过高频声波进行通信和导航,该声波在声呐频率范围内的能量足够大,以至于在声呐记录上都能被记录、打印出来。

(4)热源噪声:声能是机械能的一种,归根结底,它是分子的运动。水分子由于其自身的热能总在不停地运动,它所造成的噪声很小,但在深水海域,它对高频噪声可能会产生一些影响。

(5)降雨噪声:降雨一般不会产生噪声,但在个别情况下,当大雨滂沱时,声呐记录上确实出现过雨所引起的噪声,但它较微弱。

(6)拍岸浪噪声:波浪拍打沙滩、堤坝或礁石时总会在水中产生声能,如果在破碎波附近作业,气泡、涡流所引起的干扰比低能级噪声的干扰还严重。

(7)水流噪声:海水流过水下突出物将产生噪声,一般情况下,这种噪声很小,以至于声呐记录上都难以记录出来。

(8)地球噪声:地壳的正常漂移、地震、火山都会在水中产生低频噪声,但如同水流噪声一样,这种噪声一般不会影响声呐记录。

2. 自身噪声

自身噪声源主要指工作人员和设备所带来的噪声,主要有:

(1)船舶机械噪声:船上机械,如发电机或主机都能在水中产生噪声,根据声呐的安装情况或拖曳条件(深水或浅水),这类噪声可能会干扰声呐工作。

(2)水流噪声:海水流过拖船时也会在水中产生噪声,一般情况下这不会干扰声呐,但在浅水条件下应予以考虑。

(3)其他仪器噪声:声呐经常与其他调查仪器配合使用,如回声测深仪、电火花、气枪、轰鸣器等,这些仪器都会向水中发出噪声,有时会对声呐工作产生严重干扰。

3. 电气噪声

除了声学噪声能抵达声呐换能器,抵达声呐换能器也可能是电气噪声。例如,某个元件已坏或失效,那么它也可能会在声呐记录上留下黑色条纹,如同声学噪声一般。其他电气设备,如发电机、无线电和导航系统等均可能在记录上产生噪声,这就是为什么必须了解噪声的实质,只有了解其实质,在记录上出现的某些现象就可以得到合理的解释,就不会误认为声呐出故障了。例如图 6-8 中的噪声条纹是由于船舶上的电源引起,属于电气噪声。

图 6-8 电气噪声对声呐成像影响的声图

图 6-9 中出现了两类干扰或噪声,其中声图中的黑色短条状干扰,主要是由于船舶振动过大或上位机性能不足,导致数据丢包所导致;声图上方出现亮带干扰,其主要是由船电干扰、电源供电等原因所导致。

图 6-9 电气噪声对声呐成像影响的声图

图 6-10 中出现了弯曲形状的干扰或噪声,分析可能是由船电干扰、电源供电等原因造成。

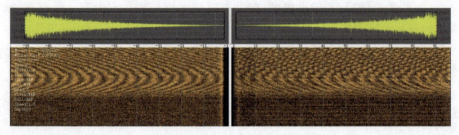

图 6-10 电气噪声对声呐成像影响的声图

6.3.4 目标强度

表 6-1 给出了不同类型目标引起的目标强度变化情况。

表 6-1 不同类型目标引起的目标强度变化

刚体类型	目标强度	符 号	入射方位	条件
小 球	$(25/36)k^4a^6$	a 为球体半径	任意	$ka \ll 1, kr \gg 1$
大 球	$a^2/4$	a 为球体半径	任意	$ka \gg 1, r > a$
有限长圆柱体	$(L^2/4\pi)ka$	a 为半径,L 为长度	正横	$ka \gg 1, r > L^2/\lambda$
无限长薄圆柱体	$(9\pi/8)rk^3a^4$	a 为圆柱半径	正横	$ka \ll 1$
无限长厚圆柱体	$(1/2)ra$	a 为圆柱半径	正横	$ka \gg 1, r > a$
椭球体	$(bc/2a)^2$	a,b,c 为半轴长	a 轴方向	$ka, kb, kc \gg 1$
小型圆弧形平板	$(16/9\pi^2)k^4a^6$	a 为平板半径	法向	$ka \ll 1$
大型圆弧形平板	$(1/4)k^4a^6$	a 为平板半径	法向	$ka \gg 1, r > a^2/\lambda$
任意形状平板	$(1/4\pi^2)k^2A^2$	A 为平板面积	法向	$kL \gg 1, r > L^2/\lambda$
无限大平板	$(1/4)r^2$	r 为距离	法向	

注:$k=2\pi/\lambda$,式中 $\lambda=c/f$ 为声波波长。

6.3.5 镜像干涉

声波经海面反射至海底与直接射向海底的声波叠加所引起的干扰即为镜像干涉。这种干扰通常在海面和海底都很平滑的情况下发生。在海水中声源发射到达海底的声波束与该声源经海面反射至海底的波束相互叠加形成干涉,当两路声线到达海底时的相位关系是同相(相位差为 0°),叠加幅度成倍增加。如是反相(相位差为 180°)则抵消为零,当相位差既不是 0°也不是 180°时,叠加的结果在 2 倍和 0 之间变化,这就和光的干涉一样产生强弱相间的干涉条纹。

在海底平坦、波浪较小的条件下,侧扫声呐的声图上经常出现镜像干涉形成的黑白相间的条纹,条纹的间距随距离增加而变大。镜像干涉的出现会影响声图的质量,严重时甚至不能发现目标。因此镜像干涉影响声图时,可以通过增加拖鱼入水深度,使用小量程,使测线和波浪的方向垂直,减小发射脉宽或者使用较高的工作频率等方法来消除。

■ 6.3.6 折射干扰

声波受到传输介质的温度、盐度和静压力的影响,会出现声线弯曲,即产生折射现象。这就导致发射声呐脉冲从换能器出来后不沿直线到达海底。最通常的结果是由于抵达海底某个部位的声波比较集中,在记录的某个部位将呈现出一条黑色的带状记录。

在影响声波传输的三个因素中,温度影响最大。在近海浅海区,由于太阳加热作用,水温剖面变化明显,从而导致温跃层的形成。温跃层折射干扰是侧扫声呐实际工作中最常见的干扰信号,不但严重降低声图质量、影响障碍物辨读,有时还可影响声呐设备的有效探测距离,使仪器性能大打折扣。图 6-11 为典型的温跃层的声图记录。

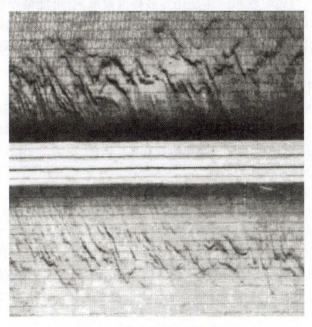

图 6-11 典型的温跃层声图记录

一般来说,声图记录的两侧受折射影响的情况应该大致相同,改变拖鱼相对于折射层的深度,就可能改善声图记录上折射花纹干扰甚至将其完全消除。

6.4 声图成像与处理

6.4.1 声图成像

根据声呐分类不同也分多种成像算法,就算相同种类的成像声呐也存在不同的优化成像算法,需要根据不同公司的技术实力判断成像算法的性能,一般对于单波束成像声呐来说原理较为简单,产品间差异较小。对于多波束成像声呐来说各产品效果参差不齐,需要谨慎选择。对于合成孔径产品来说,技术难度高,成像算法复杂,故市面上能见到的合成孔径类产品可以生产并投入使用的厂家屈指可数。

6.4.2 图像变形

侧扫声呐声图并不是严格按比例记录海底地貌和目标的,由于拖鱼速度、波束倾斜、海底坡度和声速变化等多种因素影响,可能会产生声图变形,从而扭曲了海底目标的真实形态。声图变形会给判读人员造成错觉,应该在判读过程中引起重视。本节从实际应用角度出发,选取几种典型的变形特征进行说明。

1. 比例不等变形

侧扫声呐声图为二维栅格图像,其横向记录的比例是固定的,但其纵向记录受拖鱼的影响而随时发生变化。在扫测过程中侧扫声呐系统的记录速率(或走纸速率)固定不变,而拖鱼速度有可能变化。因此,声图上记录的目标可能因横纵比例不一致而发生形变。

2. 声线倾斜变形

声图上的扫描线反映了声呐换能器至海底的倾斜距离。横向记录随着海底与换能器距离的变化会产生声图变形。声线倾斜变形如图6-12所示。具有相同宽度L的海底地物,由于所处位置到拖鱼的距离不同而导致其在声图上表现出不同的结果D_1和D_2。距离换能器越远,斜距越长,如果没有倾斜修正,近处的面积被压缩,远处的面积被扩展,无法正确反映目标的实际形状。

3. 双曲变形

低频侧扫声呐发射的声波束一般水平开角比较大,高频侧扫声呐的水平开角虽然不大,但由于换能器性能的原因也可能有较大的副瓣。当拖鱼沿测线前进,依次经过点 a、b、c、d 时发射具有水平开角的声波,见图 6-13 所示。位于 a 点时,在目标斜方向的声线照射到目标的 A 端,因而斜距较长;拖鱼继续航行,对目标所照射的声线逐渐缩短;离开正横位置,声线又逐渐拉长;位于 d 点时,在目标斜方向的声线照射到目标的 B 端。经过上述过程后,直线目标的声图就产生了弯曲。

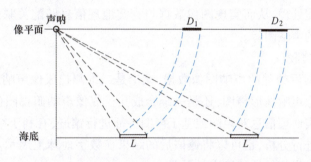

图 6-12 声线倾斜变形

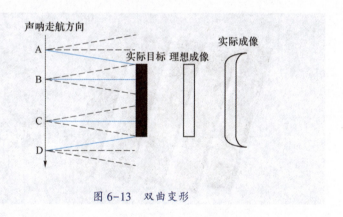

图 6-13 双曲变形

4. 其他变形

除了上述 3 种主要的声图变形外,还有其他几种变形,如声速变形、随机变形、由拖鱼高度变化引起的声图横向比例变形和由倾斜坡面引起的横向比例变形等。这些变形都会影响声图的正确显示,从而进一步影响声图判读。一般情况下,需要根据引起其形变的原因采用数字信号处理或图形校正的方法来消除变形。

6.4.3 图像处理

声呐图像质量与数据后处理(内业处理)有极大关系。声呐声信号通过换能器转换为电信号后,需要经过信号处理才能转换为可供使用的声呐数据,声呐数据进一步通过计算机处理后,才能进行声图显示。通常情况下,成像声呐都会配备可供自身使用的数据后处理软件,此类软件内含插值、图像增强、姿态校准、波束修正等处理算法。

1. 目标定位

成像声呐都会配备定位导航系统辅助工作,在将声呐数据中记录的原始数据转换为所需要显示的声图时,需要将声呐数据中记录的原始数据与定位导航数据进行匹配处理,从而实现图像数据与真实地理信息匹配关联,得到带有地理坐标信息的声呐图像。

2. 图像镶嵌

经过数据后处理的声呐图像数据,无论是二维侧扫成像声呐地貌声图、下视多波束成像声呐地形声图,还是三维合成孔径成像声呐俯视图(路由图),都可以根据真实地理信息对声图或基于声图特征进行镶嵌,有利于结合地理信息对图像数据进行分析,也可以将镶嵌后的结果在数字地球上展示。图 6-14 为单波束侧扫成像声呐地貌镶嵌效果图。

图 6-14 单波束侧扫成像声呐地貌图镶嵌效果图

6.4.4 图像分析

1. 图像显示

声图显示时采用的色彩表、亮度和对比度设置也会对图像质量产生较大影响,因此在图像显示过程中,图像识别人员除了需要具备一定的图像识别技能外,现场数据采集人员也需要对声呐具备一定的了解,熟悉并能合理地使用色彩表。图 6-15 为亮度及对比度调整后的侧扫成像声呐声图对比效果。

图 6-15 亮度及对比度调整后的侧扫成像声呐声图对比效果
(a)亮度与对比度过高效果;(b)亮度与对比度合适效果。

2. 目标检测

声呐图像目标检测作为水下作业的关键任务,具有极高的应用价值。目标检测前需要对声图进行处理,常用手段包括图像增强、图像去噪、图像均衡等算法,这些算法都可用于声呐图像的图像处理,对于小目标的目标图像质量有较大影响。目前,声图目标检测的主要方法是基于深度学习的声呐图像目标检测及分割算法,该算法基于声呐图像的特点,结合数据增强、主动学习、强化学习等方法,分析声呐图像的噪声形成方式及成像过程,最终实现水下目标物的检测工作,可以将水下目标物进行自动检测框选。但该方法存在两个主要问题:①声呐图像质量受噪声干扰严重,目标检测模型缺乏噪声鲁棒性;②可获取的声呐图像数据稀少,且不同环境条件下获取的声呐图像的物理特征具有较大差异。图 6-16 为成像声呐图像目标检测结果示意图。

3. 目标识别

声呐目标识别一般是基于解译特征和量测信息,通过人工进行目标识别。未来,随着人工智能和计算机科学技术的发展,目标识别将逐渐走入自动识别的时代,水下目标自动识别逐渐会通过数据预处理、特征选择和提取、特征测量、分类运算和判决等主要环节,甚至会从目标回波信号的各种特征出发进行目标识别,其理论基础是统计模式识别理论,其实现手段是计算机科学技术。

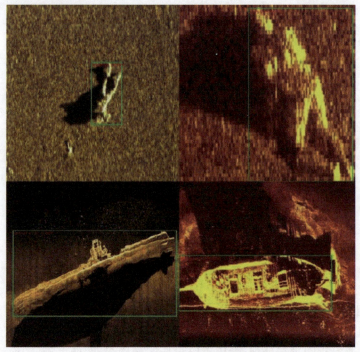

图 6-16 成像声呐图像目标检测结果示意图

◎ 6.5 小 结

本章系统介绍了影响声呐成像的声呐设备、声呐作业条件、水声环境、声图成像与处理等主要因素,分析研究了这些因素对声呐成像的影响,并结合案例分析系统介绍了声图影像效果,对后续实际应用过程中如何选择合适的声呐设备和调整设置优化声呐成像效果具有重要意义。

第 7 章 声呐成像能力简析

7.1 声呐成像能力简介

1. 侧扫成像声呐

单波束侧扫成像声呐、多波束侧扫成像声呐和合成孔径侧扫成像声呐在图像结构和使用方式上相似,根据声呐成像原理和应用场景,在不考虑高低频、功率等因素限制声呐成像效果的前提下,上述 3 类侧扫成像声呐成像能力分析如下:在水深小于 50m 情况下,上述 3 类侧扫声呐的成像效果接近,几乎没有区别;在水深大于 50m 情况下,合成孔径侧扫成像声呐因成像原理与单波束和多波束侧扫成像声呐不同,声呐成像效果(分辨率)会明显高于单波束和多波束侧扫成像声呐;当载体航速大于 5kn 时,多波束侧扫成像声呐效果优于单波束侧扫成像声呐,其目标物形变会明显减小;在需要大范围探测水下地貌时,侧扫成像声呐的成像能力突出。此外,进行海底掩埋目标探查时,高低频同时成像的侧扫声呐具有独特优势,但难以获取目标掩埋的准确深度。

2. 下视多波束成像声呐

下视多波束成像声呐在进行水下地形、水深、目标物体积量测精确成像和大面积高效率量测时,下视多波束声呐成像能力突出,具有较优成像质量,如果能结合高精度光纤惯导设备和定位设备,下视多波束声呐成像效果会更好。当然,需要综合考虑高低频、功率等因素对声呐成像能力的制约。

3. 前视多波束成像声呐

前视多波束成像声呐在对水下地貌进行近距离定点观测,或需要对水体中目标进行二维图像识别和二维前视避障时,前视多波束成像声呐的成像能力突出,具有最优成像质量。在实际应用过程中,也需要考虑高低频、功率等因素对声呐成像的能力限制。

4. 三维多波束成像声呐

三维多波束成像声呐对目标物成像效率高,无须经过数据后处理即可得到物体的表面三维数据,但相对下视多波束成像声呐来说,三维多波束成像声呐可覆盖范围和作用距离过小,故三维多波束成像声呐在水下目标物三维建模此类场景中成像能力突出,可搭载具备定位和姿态修正能力的 ROV 配合水下云台进行水下目标物三维表面建模工作,尤其在对于需要实时观测搜寻目标的使用场景更为适用。

5. 三维合成孔径成像声呐

三维合成孔径成像声呐在探查海底管道、电缆和光缆的连续路由和埋深情况方面,其成像能力突出,具有较优成像质量。此外,在对海底管道、海底光电缆等目标进行定位及调查,搭配下视多波束成像声呐和侧扫成像声呐后,组成多频三维合成孔径成像系统,可满足掩埋目标三维探测、三维浅地层剖面成像、水深扫测、高清地貌扫测等使命任务的作业要求。在实际应用过程中,选择合适的视图进行目标识别,需要一定的经验积累。

6. 浅地层剖面成像声呐

浅地层剖面成像声呐在大范围海洋地层前期勘探领域具有自身优势,能够获取浅地层剖面情况,浅地层剖面成像声呐的声波频率和发射功率也可以以相对低廉的成本做出更加适用于深水探测,或是更容易搭载于拖曳系统之上进行基础的海洋地层地球物理勘探工作。

◎ 7.2 声呐成像典型应用

对于不同类型的悬浮、沉底或掩埋目标,根据应用场景不同,可使用单种声呐作业,也可结合多种声呐进行作业。

1. 点目标应用场景

1)悬浮类点目标

若需要大范围高效搜索某悬浮目标,推荐使用侧扫成像声呐执行作业。①若水深较小,作业水深小于 50m,可选择挂船式侧扫成像声呐进行作业;若航速要求超过 5kn,则可选用挂船式多波束侧扫成像声呐。挂船式优势在定位精度,卫星定位设备与声呐设备为硬性连接,对于目标定位精度有极大提升。声呐频率选择高频声呐以提高成像分辨率,也可以用双频或多频声呐进行多频段探测。②若水深较大,作业水深大于 50m,可选择挂船式合成孔径侧扫成像声呐或拖曳式侧扫成像声呐拖鱼进行拖曳作业;若航速要求超过 5kn,可选用拖曳式多波束侧扫成像声呐;声呐频率选择低频声呐以提高作用距离,也可选用双频或多频声呐进行多频段探测。③在确定悬浮类目标大致位置后,可使用下视多波束成像声呐对选定区域进行水深地形探测,确认悬浮目标在水中的悬浮高度,然后派遣 ROV 携带前视多波束成像声呐或三维多波束成像声呐抵近观察,最终确认悬浮目标的精确特征,并对其进行其他后续处理。

若已确定目标的悬浮位置,并需要对目标进行实时三维观察,则可使用带有水下定位功能与姿态修正功能的 ROV 设备,携带前视多波束三维合成孔径成像声呐对悬浮目标进行近距离三维建模。

2) 沉底类点目标

若需要大范围高效搜索沉底目标,推荐使用侧扫成像声呐执行作业。①若水深较小,作业水深小于 50m,可选择挂船式侧扫成像声呐进行作业;若航速要求超过 5kn,可选用挂船式多波束侧扫成像声呐。声呐频率选择高频声呐以提高成像分辨率,也可以用双频或多频声呐进行多频段探测。②若水深较大,作业水深大于 50m,可选择挂船式合成孔径侧扫成像声呐或拖曳式侧扫成像声呐进行拖曳作业;若航速要求超过 5kn,可选用拖曳式多波束侧扫成像声呐;声呐频率选择低频声呐以提高作用距离,也可选用双频或多频声呐进行多频段探测。③在确定沉底目标大致位置后,派遣 ROV 携带前视多波束成像声呐抵近观察,最终确认沉底目标精确特征,并对其进行其他后续处理。

若需要大范围高效搜索沉底目标,并对其所处水深地形进行精准探测,推荐使用下视多波束成像声呐执行作业,可以根据所需探查水深范围对下视多波束成像声呐的频率范围、发射功率等参数进行选择。一般来说,水深超过 100m 时,应该选用低于 400kHz 的下视多波束成像声呐对水底地形进行探测,且应配备高精度光纤惯导姿态修正设备。

若已确定目标的沉底位置,并需要对目标进行实时三维观察时,可使用带有水下定位功能与姿态修正功能的 ROV 设备,携带前视多波束三维合成孔径成像声呐对沉底目标进行近距离三维建模。

3) 掩埋类点目标

若需要对掩埋类点目标海域进行大面积扫海作业,且仅对掩埋深度较浅的点目标进行位置扫测时,可以使用双频合成孔径侧扫成像声呐对其进行扫测作业。若需要对掩埋类点目标进行埋深信息测量,且掩埋深度较深情况下,推荐使用三维合成孔径成像声呐对其进行扫测作业。

2. 线目标应用场景

1) 沉底类线目标

若需要大范围高效搜索沉底类线目标,推荐使用侧扫成像声呐执行作业。①若水深较小,作业水深小于 50m,可选择挂船式侧扫成像声呐进行作业;若航速要求超过5kn,可选用挂船式多波束侧扫成像声呐。声呐频率选择高频声呐以提高成像分辨率,也可以用双频或多频声呐进行多频段探测。②若水深较大,作业水深大于50m,可选择挂船式合成孔径侧扫成像声呐或拖曳式侧扫成像声呐进行拖曳作业;若航速要求超过5kn,可选用拖曳式多波束侧扫成像声呐;声呐频率选择低频声呐以提高作用距离,也可选用双频或多频声呐进行多频段探测。

若已使用侧扫声呐获取目标路由,或知悉沉底线目标区域位置,可使用下视多波束成像声呐对沉底线目标沿目标路由方向,按照多波束成像声呐工作方式执行布线探查,获取沉底目标所在区域的水深地形声图,可对生成三维地形图像进行尺寸、高度量测等工作,也可对面积或体积进行计算。

若已使用侧扫声呐获取目标路由信息,并确定目标沉底位置,对目标进行实时三维观察时,可使用带有水下定位功能与姿态修正功能的ROV设备,携带前视多波束三维合成孔径成像声呐,对沉底目标进行近距离三维建模。

2) 掩埋类线目标

若需要对掩埋线目标进行前期勘测定位,并粗略进行路由埋深探测,在已知目标大致区域或施工设计路由情况下,可使用浅地层剖面成像声呐对其进行扫测作业。扫测时需要根据浅地层剖面成像声呐使用方法对线目标进行横穿扫测,若扫测间隔密度要求较高则整体施工效率低,整体工期较长。

若需要对掩埋类线目标海域进行大面积扫海作业,且仅对掩埋深度较浅的点目标进行位置扫测时,可以使用双频合成孔径侧扫成像声呐对其进行扫测作业。

若需要对掩埋类点目标进行埋深信息测量,且掩埋深度较深情况下,推荐使用三维合成孔径成像声呐对其进行扫测作业。

◎ 7.3 小　　结

不同类型的成像声呐有着不同的成像能力和应用场景,本章主要通过对各种成像声呐成像能力简介,对掌握典型目标适用的成像声呐选择具有重要意义。在实际应用过程中,则需要根据不同典型应用场景、目标和需求来选择最优的声呐,以获得最佳的声呐成像效果,从而取得更有效的实际应用成效。

第8章
总结与展望

◎ 8.1 总　　结

声呐技术是支持人类探索海洋、发展海洋的核心技术之一。声呐技术产生至今已有超过100年历史,它是1906年由英国海军的刘易斯·尼克森所发明。第一次世界大战期间,声呐技术开始被应用到战场上,这些声呐只能被动听音,属于被动声呐,或者叫作"水听器"。到1915年,第一部用于侦测潜艇的主动式声呐设备出现,声呐技术在第一次世界大战和第二次世界大战期间,均有所应用,主要是用来监听水下的潜艇。

20世纪60年代初,研制出了一批低频率、大功率、大尺寸基阵和信号处理技术声呐装备。20世纪70年代,随着大规模集成电路和数字计算机进入声呐领域,出现了全数字化的声呐。20世纪80年代,随着超大规模集成电路的出现,以及对声呐信号处理中大数据量处理和高速运算的要求,发展了一系列高速并行处理结构及器件,为声呐信号实现实时处理提供了条件。20世纪90年代以后,声呐发展未出现重大的突破,更多是适应电子信息技术的发展趋势,利用民用现成技术提高声呐信息技术水平,适应浅海作战需求,同时降低成本。从20世纪90年代至今,在世界主要海洋强国大力推动下,声呐技术进入快速发展期(李春雨,2012;刘晨晨,2006;路晓磊,等,2018;魏碧辉,等,2009;Lurton,2000;MacLennan,et al.,2004;Malinverno,et al.,1990;Marani,et al.,2010;Matsumoto,1990;McCaffrey,1981;Mochizuki,et al.,2011,2013;Montereale-Gavazzi,et al.,2018;Ona,1996)。

成像声呐声图判读对声呐专业技能要求较高,而且成像声呐判读工作对水下工程施工、水下设备日常巡检、海洋生物鉴定、潜在危险源探测、海洋资源勘查以及军事方面等均具有重要意义。传统声图判读是由专业技术人员根据经验对海底地貌、海底目标、水体和干扰等多种反射声波的信号特征进行判读和识别。因为海底目标的探测往往带有目的性，即通常需搜寻确定的目标，关于目标的形状、大小和性质，已有了相应的数据资料。故当目标进行分类后，可根据目标的形状和大小初步判断是否为所要求的。水下目标的声图特征有形状特征、尺寸特征、阴影特征和姿态特征等，它们可作为声图判读水下目标的主要依据(李平，杜军，2011；刘晨晨，2006；路晓磊，等，2018；张同伟，等，2018；B. Wang, et al.,2021)。目前，随着人工智能和计算机科学技术的发展进步，成像声呐声图已经逐渐从必须由专业的技术人员判读发展成为普通人员即可以参与判读，甚至可以通过软件自动识别与判读。

8.2 展　　望

低频、大功率、大基阵研制技术逐步成为声呐技术发展的主要趋势。声呐的基阵分为发射基阵和接收基阵。一般地，发射基阵，主动声呐的发射频率与基阵尺寸成反比，基阵越大所发射的声波频率就越低；接收阵，增大接收基阵的尺寸可以减少环境噪声的影响，能够获得更大的阵增益和信噪比。目前，美国潜艇艇首球形声呐直径大约4.5m，马蹄形基阵长约15m，而突破舰艇尺寸限制的拖曳阵，其声学模块段长达百米，保证其工作频率低至几十赫兹。此外，由于低频声波传播更远，且穿透能力更强，适用于很多国防、海洋工程应用场景，故声呐在逐渐向低频方向发展。目前，主流主动声呐的工作频率一般为 1.5~3.5kHz，被动声呐为 0.1~1.5kHz。对于主动声呐，增大发射功率可以提高探测距离，尤其是在复杂的海洋环境中，需要有足够的声能来穿透温盐层和海流的干扰以获得清晰的声学图像，其中大型主动声呐的发射功率可达 150~1000kW。

数字信息技术广泛使用逐步在声呐技术应用层面得到快速发展。随着计算机科学技术的发展，微电子技术、信号处理技术和计算机技术等为声呐的发展提供了不断发展的技术支撑。声呐已采用开放式体系结构，大量引入各行业的新科技，使声呐系统性能不断提升的同时，开发成本也在不断的降低。依赖于信息技术的飞速发展，声呐拥有了更强大的大脑，信息处理速度得到了显著提高。同时，数据融合技术和人工智能技术的引入，使得声呐系统的自动化、智能化水平也得到了发展。目前，声呐系统的目标分类识别、跟踪、定位等能力等都有极为显著的提高。

人工智能和深度学习等成为成像声呐图像解译的技术引领。随着计算机技术、人工智能技术和深度学习技术的出现，声呐图像判读技术已经发生了显著变化。基于深度学习技术，使用神经网络、循环神经网络等模型，可以实现从声呐图像中分类和识别目标物体。此外，利用深度学习技术可以有效获取大量的数据样本,从而使图像分析准确度更高。并且通过改进和优化传统的声呐图像判读方法,可以提高声呐图像判读的准确性和效率,从而满足更高的海洋监测要求。

  声图实时判读技术成为当前成像声呐图像解译的迫切需求。现有的声图判读主要是将成像声呐探测得到的信息带回整理成为声图,再由人工或算法进行识别。未来,随着更强大人工智能技术在众多图像识别领域强大分析能力的发挥,通过人工智能技术与海洋探测技术的深度结合,发展实现智能化的声图实时判读技术,实现更高精度的声呐图像判读,使成像声呐目标识别在海洋环境信息智能分析与决策中发挥更大作用。

参考文献

曹金亮,刘晓东,张方生,等,2016. DTA-6000声学深拖系统在富钴结壳探测中的应用[J]. 海洋地质与第四纪地质,36(04):173-181.

曹双,罗红雨,曾飞,2010. 浅地层剖面仪在近海航道工程中的应用[J]. 海岸工程,29(02):70-75.

柴冠军,杨强,2017. Chirp浅地层剖面仪在航道工程中的应用[J]. 港口科技,03:15-20.

陈炜,邝晗宇,蔡梦雅,等,2022. 基于Sonar Wiz的多波束声纳图像智能底质分类技术研究[J]. 海洋测绘,42(01):41-45.

崔杰,胡长青,徐海东,2018. 基于帧差法的多波束前视声呐运动目标检测[J]. 仪器仪表学报,39(02):169-176.

董玉娟,周浩杰,王正虎,2015. 侧扫声纳和浅地层剖面仪在海底管线检测中的应用[J]. 水道港口,36(05):450-455.

窦法旺,2017. 多波束前视声呐图像提高分辨率技术研究[D]. 南京:南京航空航天大学.

高山,许坚,张鹏,2006. 声呐图像水雷目标自动识别[J]. 水雷战与舰船防护,01:42-45.

胡红波,梅新华,2020. 基于声呐图像的水雷目标检测技术简述[J]. 数字海洋与水下攻防,3(04):303-308.

黄红飞,2011. 基于UUV的猎雷声呐的发展[J]. 水雷战与舰船防护,19(01):70-77.

蒋锦朋,罗进华,杨修伟,等,2014. 沿层中值滤波在消除深拖浅地层剖面电干扰中的应用[J]. 工程地球物理学报,11(04):441-445.

郎诚,茅克勤,向芸芸,2021. 三维合成孔径声呐在海底掩埋目标探查中的应用现状与展望[J]. 海洋开发与管理,38(1)49-52.

李春雨,2012. 海底声纳图像的判读方法研究[J]. 科技信息,01:159,131.

李海东,胡毅,许江,等,2019. 浅地层剖面系统在福建沿海海底沉船调查中的应用[J]. 海洋技术学报,38(01):79-84.

李海森,陈宝伟,么彬,等,2010. 多子阵高分辨海底地形探测算法及其FPGA和DSP阵列实现[J]. 仪器仪表学报,31(02):281-286.

李娟娟,马硕,朱枫,等,2014. 基于主动轮廓的声呐图像水雷识别方法[J]. 计算机应用研究,31(12):3841-3844,3866.

李平,杜军,2011. 浅地层剖面探测综述[J]. 海洋通报,30(03):344-350.

李庆武,石丹,霍冠英,2011. 基于Contourlet变换的海底声纳图像特征提取与分类[J]. 海洋学报(中文版),33(05):163-168.

李阳,2015. 水下目标探测中的侧扫声纳图像处理技术研究[D]. 哈尔滨:哈尔滨工程大学.

李一保,张玉芬,刘玉兰,等,2007. 浅地层剖面仪在海洋工程中的应用[J]. 工程地球物理学报,01:4-8.

刘晨晨,2006. 高分辨率成像声纳图像识别技术研究[D]. 哈尔滨:哈尔滨工程大学.
刘琳,李荣,石剑,2016. 基于伪彩色图像处理的猎雷声呐水雷目标检测技术[J]. 水雷战与舰船防护,24(02):28-31.
刘秀娟,高抒,赵铁虎,2009. 浅地层剖面原始数据中海底反射信号的识别及海底地形的自动提取[J]. 物探与化探,33(05):576-579.
柳黎明,2014. 基于侧扫声纳系统的海底管道检测技术研究[D]. 杭州:中国计量学院.
路晓磊,张丽婷,王芳,等,2018. 海底声学探测技术装备综述[J]. 海洋开发与管理,35(06):91-94.
苗锡奎,朱枫,许以军,等,2012. 基于视觉的水雷目标识别方法研究[J]. 海洋工程,30(4):154-160.
聂良春,朱琦,李海森,2005. 幅度-相位联合检测法在多波束测深系统中的应用[J]. 声学技术,02:84-88.
乔鹏飞,邵成,覃月明,2021. 基于多波束前视声呐的水下静态目标的探测识别技术[J]. 数字海洋与水下攻防,4(01):46-52.
盛子旗,霍冠英,2021. 样本仿真结合迁移学习的声呐图像水雷检测[J]. 智能系统学报,16(02):385-392.
宋永东,杨慧良,栾振东,等,2020. SES-2000浅地层剖面仪在福建LNG海底管道检测中的应用[J]. 海洋地质前沿,36(05):73-77.
孙健,樊妙,崔晓东,等,2022. 一种ReliefF和随机森林模型组合的多波束海底底质分类方法[J]. 海洋通报,41(02):131-139.
王凯,秦丽萍,卢丙举,等,2022. 大噪声环境下前视声呐图像目标识别方法研究[J]. 舰船科学技术,44(01):125-130.
王圣,2022. 基于浅剖和合成孔径声呐的水下掩埋物三维形态探测研究[D]. 连云港:江苏海洋大学.
王小杰,徐华宁,刘俊,2019. 南黄海中部浅地层剖面数据处理新进展[J]. 海洋地质前沿,35(06):69-72.
王晓,2017. 侧扫声呐图像精处理及目标识别方法研究[D]. 武汉:武汉大学.
魏碧辉,滕惠忠,王克平,等,2009. 海底目标探测技术与应用[C]//第二十一届海洋测绘综合性学术研讨会论文集,587-590.
吴水根,周建平,顾春华,等,2007. 全海洋浅地层剖面仪及其应用[J]. 海洋学研究,02:91-96.
吴自银,2017. 高分辨率海底地形地貌——探测处理理论与技术[M]. 北京:科学出版社.
许枫,丛鸿文,2001. 侧扫声纳声图判别[J]. 海洋测绘,01:58-61.
阳凡林,2003. 多波束和侧扫声纳数据融合及其在海底底质分类中的应用[D]. 武汉:武汉大学.
阳凡林,朱正任,李家彪,等,2021. 利用深层卷积神经网络实现地形辅助的多波束海底底质分类[J]. 测绘学报,50(01):71-84.
杨国明,朱俊江,赵冬冬,等,2021. 浅地层剖面探测技术及应用[J]. 海洋科学,45(06):147-162.

于刚,2022. 侧扫声呐在水下软体排检测中的应用与改进[J]. 水科学与工程技术,4:82-85.

张存勇,2019. 淤泥质海底航道浅地层声图分析[J]. 中国水运(下半月),19(07):166-168.

张同伟,秦升杰,王向鑫,等,2018. 深海浅地层剖面探测系统现状及展望[J]. 工程地球物理学报,15(05):547-554.

张俞鹏,刘志,任静茹,等,2020. 基于多波束前视声呐的水下障碍物检测及避障算法[J]. 工业控制计算机,33(03):6-8.

赵建虎,王晓,张红梅,2017. 侧扫声呐图像海底线自动提取方法研究[J]. 武汉大学学报(信息科学版),42(12):1797-1803.

朱瑞虎,郑金海,章家保,2015. 浅地层剖面仪在近海工程中的应用[C] // 第十七届中国海洋(岸)工程学术讨论会论文集(下),520-523.

ABUKAWA K, MIZUNO K, ASADA A, et al., 2013. Diagnostic methods of quay wall with acoustic measurement systems. [C] //2013 MTS/IEEE OCEANS-Bergen, 1-4.

ALEVIZOS E, SIEMES K, SNELLEN M, et al., 2018. Multi-angle backscatter classification and sub-bottom profiling for improved seafloor characterization[J]. Marine Geophysical Researches, 38:1-18.

ASADA A, MAEDA F, KURAMOTO K, et al., 2007. Advanced Surveillance Technology for Underwater Security Sonar Systems[C] // In OCEANS 2007-Europe, 1-5.

ASSALIH H, PETILLOT Y, BELL J, 2009. Acoustic Stereo Imaging (ASI) system[C] // OCEANS 2009-EUROPE, 1-7.

BARNGROVER C, ALTHOFF A, DEGUZMAN P, et al., 2016. A Brain-Computer Interface (BCI) for the Detection of Mine-Like Objects in Sidescan Sonar Imagery[J]. IEEE Journal of Oceanic Engineering, 41(1):123-138.

BARNGROVER C, KASTNER R, BELONGIE S, 2015. Semisynthetic Versus Real-World Sonar Training Data for the Classification of Mine-Like Objects[J]. IEEE Journal of Oceanic Engineering, 40(1):48-56.

BECKER A, WHITFIELD A K, COWLEY P D, et al., 2013. Does boat traffic cause displacement of fish in estuaries[J] Marine Pollution Bulletin, 75(1):168-173.

BELCHER E, HANOT W, BURCH J, 2002. Dual-Frequency Identification Sonar (DIDSON) [C] // Proceedings of the 2002 Interntional Symposium on Underwater Technology (Cat. No. 02EX556), 187-192.

BELCHER E, MATSUYAMA B, TRIMBLE G, 2001. Object identification with acoustic lenses[C] // MTS/IEEE Oceans 2001. An Ocean Odyssey. Conference Proceedings (IEEE Cat. No. 01CH37295)1:6-11.

BLONDEL P, MURTON B J, 1997. handbook of seafloor sonar imagery[M]. Hoboken: Wiley.

BOUZIANI M, FADWA N, FADWA B, 2021. Contribution of bathymetric multi-beam sonar and laser scanners in 3d modeling and estimation of siltation of dam basin in morocco[C] // The International Archives of the Photogrammetry, Remote Sensing and Spatial Information Sciences,

XLVI-4/W4-2021:5-9.

BREHMER P, 2006. Fisheries Acoustics: Theory and Practice, 2nd edn[J]. Fish and Fisheries, 7:437.

BRISSON L N, BEAUJEAN P P, NEGAHDARIPOUR S, 2010. Multiple-aspect Fixed-Range Template Matching for the detection and classification of underwater unexploded ordnance in DIDSON sonar images[C]// OCEANS 2010 MTS/IEEE SEATTLE, 1-8.

BULL J M, GUTOWSKI M, DIX J K, et al., 2005. Design of a 3D Chirp Sub-bottom Imaging System. Marine Geophysical Researches, 26(2): 157-169.

CHAPPLE P B, 2009. Unsupervised detection of mine-like objects in seabed imagery from autonomous underwater vehicles[C]// OCEANS 2009, 1-6.

CHEN C, TIAN Y, 2021. Comprehensive Application of Multi-beam Sounding System and Side-scan Sonar in Scouring Detection of Underwater Structures in Offshore Wind Farms[C]// IOP Conference Series: Earth and Environmental Science, 668:012007.

CHO H, KIM B, YU S C, 2018. AUV-Based Underwater 3-D Point Cloud Generation Using Acoustic Lens-Based Multibeam Sonar[J]. IEEE Journal of Oceanic Engineering, 43(4): 856-872.

CLARKE H, CLARKE J, 2006. Applications of multibeam water column imaging for hydrographic survey[J]. Hydrographic Journal, 4:1-33.

CLOET R, EDWARDS C, 1986. The Bathyscan Precision Swathe Sounder[C]// OCEANS '86, 153-162.

CONTI L A, TORRES DA MOTA G, BARCELLOS R L, 2020. High-resolution optical remote sensing for coastal benthic habitat mapping: A case study of the Suape Estuarine-Bay, Pernambuco, Brazil. Ocean & Coastal Management, 193:105205.

DE MOUSTIER C, MATSUMOTO H, 1993. Seafloor acoustic remote sensing with multibeam echosounders and bathymetric sidescan sonar systems[J]. Marine Geophysical Researches, 15(1): 27-42.

DEMER D, BERGER L, BERNASCONI M, et al., 2015. Calibration of acoustic instruments[R]// ICES Cooperative Report, NO. 326:133.

DOUCET A, FREITAS N, MURPHY K, et al., 2001. Sequential Monte Carlo Methods in Practice[M]. Berlin: Springer.

ELEFTHERAKIS D, BERGER L, LE BOUFFANT N, et al., 2018. Backscatter calibration of high-frequency multibeam echosounder using a reference single-beam system, on natural seafloor. Marine Geophysical Research, 39(1): 55-73.

FAKIRIS E, ZOURA D, RAMFOS A, et al., 2018. Object-based classification of sub-bottom profiling data for benthic habitat mapping[J]. Comparison with sidescan and RoxAnn in a Greek shallow-water habitat. Estuarine, Coastal and Shelf Science, 208:219-234.

FERNANDEZ GARCIA G, CORPETTI T, NEVOUX M, et al., 2023. AcousticIA, a deep neural network for multi-species fish detection using multiple models of acoustic cameras[J]. Aquatic

Ecology,7:1-13.

GAO J,GU Y,ZHU P,et al.,2021. Feature Tracking for Target Identification in Acoustic Image Sequences[J]. Complexity,3:15.

GEBHARDT D,PARIKH K,DZIECIUCH I,et al.,2017. Hunting for naval mines with deep neural networks.[C]// OCEANS 2017-Anchorage,1-5.

GODIN A,1998. The calibration of shallow water multibeam echo-sounding systems[Z].

GONCHAROV S,POPOV S,DOLGOV A N,et al.,2019. The test results of the Russian echo-sounder with split beam intended for resource researches on inland water[J]. Trudy VNIRO,177:167-179.

GUAN M,CHENG Y LI Q,et al.,2019. An Effective Method for Submarine Buried Pipeline Detection via Multi-Sensor Data Fusion[J]. IEEE Access,7:125300-125309.

GUTOWSKI M,BULL J M,DIX J K,et al.,2008. 3D high-resolution acoustic imaging of the sub-seabed[J]. Applied Acoustics,69(3):262-271.

HARE R,1995. Depth and Position Error Budgets for Mulitbeam Echosounding[J]. The International Hydrographic Review,2:37-69.

HELLEQUIN L,BOUCHER J M,LURTON X,2003. Processing of high-frequency multibeam echo sounder data for seafloor characterization[J]. IEEE Journal of Oceanic Engineering,28:78-89.

HOANG T,DALTON K S,GERG I D,et al.,2022. Domain Enriched Deep Networks for Munition Detection in Underwater 3D Sonar Imagery[C]// IGARSS 2022-2022 IEEE International Geoscience and Remote Sensing Symposium,815-818.

HOLLESEN P,CONNORS W A,TRAPPENBERG T,2011. Comparison of Learned versus Engineered Features for Classification of Mine Like Objects from Raw Sonar Images[C]// BUTZ C,LINGRAS P. Advances in Artificial Intelligence,174-185.

HOVER F S,VAGANAY J,ELKINS M,et al.,2007. A Vehicle System for Autonomous Relative Survey of In-Water Ships[J]. Marine Technology Society Journal,41:44-55.

HUGHES CLARKE J E,MAYER L A,WELLS D E,1996. Shallow-water imaging multibeam sonars: A new tool for investigating seafloor processes in the coastal zone and on the continental shelf[J]. Marine Geophysical Researches,18(6):607-629.

HURTÓS N,NAGAPPA S,CUFÍ X,et al.,2013. Evaluation of registration methods on two-dimensional forward-looking sonar imagery[C]// 2013 MTS/IEEE OCEANS-Bergen,1-8.

JIANG Z H,ZHANG Y,XU J,et al.,2020. Integrated Broadband Circularly Polarized Multibeam Antennas Using Berry-Phase Transmit-Arrays for Ka-Band Applications[J]. IEEE Transactions on Antennas and Propagation,68(2):859-872.

JIN G TANG D,1996. Uncertainties of differential phase estimation associated with interferometric sonars[J]. IEEE Journal of Oceanic Engineering,21(1):53-63.

JING D,HAN J,WANG G,et al.,2016. Dense multiple-target tracking based on dual frequency identification sonar(DIDSON) image[C]// OCEANS 2016-Shanghai,1-5.

JUN H,ASADA A,2007. Acoustic Counting Method of Upstream Juvenile Ayu Plecoglossus altivelis by Using DIDSON[C] // 2007 Symposium on Underwater Technology and Workshop on Scientific Use of Submarine Cables and Related Technologies, 459-462.

Khaledi S, Mann H, Perkovich J, et al., 2014. Design of an underwater mine detection system[C] // 2014 Systems and Information Engineering Design Symposium (SIEDS), 78-83.

Kim K, Intrator N, Neretti N, 2004. Image registration and mosaicing of noisy acoustic camera images[C] // Proceedings of the 2004 11th IEEE International Conference on Electronics, Circuits and Systems, 527-530.

Klepsvik J O, Klov K, 1982. TOPO-SSS, a Sidescan Sonar for Wide Swath Depth Measurements [C] // Offshore Technology Conference.

KOLOUCH D, 2015. Interfereometric Side-Scan Sonar — A Topographic Sea-Floor Mapping System[J] // International Hydrographic Review, 61(2): 35-49.

LAMARCHE G, LURTON X, VERDIER A L, et al., 2011. Quantitative characterisation of seafloor substrate and bedforms using advanced processing of multibeam backscatter—Application to Cook Strait[C] // New Zealand: Continental Shelf Research, 31(2): S93-S109.

LEVIN E, MEADOWS G, SHULTS R, et al., 2019. Bathymetric surveying in Lake Superior: 3D modeling and sonar equipment comparing[C] // ISPRS-International Archives of the Photogrammetry, Remote Sensing and Spatial Information Sciences, XLII-2/W10: 101-106.

LI B, LIU W, LIU J, et al., 2010. Real-Time Implementation of Synthetic Aperture Sonar Imaging on High Performance Clusters[C] // 2010 11th ACIS International Conference on Software Engineering, Artificial Intelligence, Networking and Parallel/Distributed Computing, London.

LI L, DANNER T, EICKHOLT J, et al., 2017. A distributed pipeline for DIDSON data processing[C] // In 2017 IEEE International Conference on Big Data (Big Data), 4301-4306.

LI S, ZHAO J, ZHANG H, et al., 2022. Automatic Detection of Pipelines From Sub-bottom Profiler Sonar Images[J]. IEEE Journal of Oceanic Engineering, 47(2): 417-432.

LIU S, VAN ROOIJ D, VANDORPE T, et al., 2019. Morphological features and associated bottom-current dynamics in the Le Danois Bank region (southern Bay of Biscay, NE Atlantic): A model in a topographically constrained small basin[J]. Deep Sea Research Part I: Oceanographic Research Papers, 149: 103054.

LIU W, 2014. An Introductory Study for Applying Single-pass Interferometry to Hull Mounted Sonar Data for Target Height Estimation[C] // 10th European Conference on Synthetic Aperture Radar, Berlin.

LIU W, LIU B, Liu J, et al., 2009. An automatic ellipse and line targets detection method from synthetic aperture sonar images[C] // Proceedings of the SPIE, 7495.

LIU W, LIU J, ZHANG C, 2010. Research on non-uniform sampling problem when adapting wavenumber algorithm to multiple-receiver synthetic aperture sonar [J]. Chinese Journal of Acoustics, 9(3): 285-297.

LORENTZEN O, HANSEN R, SAEBO T, et al., 2021. 3D rendering of shipwrecks from synthetic aperture sonar[C] // Proceedings of Meetings on Acoustics, 055003.

LURTON X, 2000. Swath bathymetry using phase difference: theoretical analysis of acoustical measurement precision[J]. IEEE Journal of Oceanic Engineering, 25(3): 351-363.

LURTON X, LAMARCHE G, BROWN C, et al., 2015. Backscatter measurements by seafloor-mapping sonars-Guidelines and Recommendations[Z].

MACLENNAN D, COPLAND P, ARMSTRONG E, et al., 2004. Experiments on the discrimination of fish and seabed echoes[J]. Ices Journal of Marine Science, 61: 201-210.

MALINVERNO A, EDWARDS M H, RYAN W B F, 1990. Processing of SeaMARC swath sonar data[J]. IEEE Journal of Oceanic Engineering, 15(1): 14-23.

MARANI G, CHOI S K, 2010. Underwater Target Localization[J]. IEEE Robotics & Automation Magazine, 17(1): 64-70.

MARQUES C, 2012. Automatic mid-water target detection using multibeam water column[Z].

MATSUMOTO H, 1990. Characteristics of SeaMARC II phase data[J]. IEEE Journal of Oceanic Engineering, 15(4): 350-360.

MCCAFFREY E K, 1981. A Review of the Bathymetric Swath Survey System[J]. The International Hydrographic Review, LVIII(1): 19-27.

MISUND O A, 1997. Underwater acoustics in marine fisheries and fisheries research[J]. Reviews in Fish Biology and Fisheries, 7(1): 1-34.

MIZUNO K, ABUKAWA K, Kashima T, et al., 2013. Observation of aquatic biota in eutrophied pond using stationary acoustic monitoring system[C]// 2013 IEEE International Underwater Technology Symposium (UT), 1-5.

MIZUNO K, ASADA A, 2014. Three dimensional mapping of aquatic plants at shallow lakes using 1.8 MHz high-resolution acoustic imaging sonar and image processing technology[C]// 2014 IEEE International Ultrasonics Symposium, 1384-1387.

MIZUNO K, XU C, ASADA A, et al., 2013. Species classification of submerged aquatic plants using acoustic images in shallow lakes[C]// 2013 IEEE International Underwater Technology Symposium (UT), 1-5.

MOCHIZUKI M, ASADA A, TAMAKI K, et al., 2011. Utilization of acoustic video camera for investigating mid oceanic ridge[C]// 2011 IEEE Symposium on Underwater Technology and Workshop on Scientific Use of Submarine Cables and Related Technologies, 1-4.

MOCHIZUKI M, ASADA A, URA T, et al., 2013. Off-line observation system based on acoustic video camera for understanding behavior of underwater life[C]// 2013 IEEE International Underwater Technology Symposium (UT), 1-4.

MOGSTAD A A, ØDEGÅRD Ø, NORNES S M, et al., 2020. Mapping the Historical Shipwreck Figaro in the High Arctic Using Underwater Sensor-Carrying Robots[J]. Remote Sensing, 12(6): 997.

MONTEREALE-GAVAZZI G, ROCHE M, LURTON X, et al., 2018. Seafloor change detection using multibeam echosounder backscatter: case study on the Belgian part of the North Sea[J]. Marine Geophysical Research, 39(1): 229-247.

ODOM R I, 2003. An Introduction to Underwater Acoustics: Principles and Applications[J]. Eos,

Transactions American Geophysical Union, 84(28):265-265.

OKINO M, HIGASHI Y, 1986. Measurement of seabed topography by multibeam sonar using CFFT[J]. IEEE Journal of Oceanic Engineering, 11(4):474-479.

ONA E, 1996. Acoustic sampling and signal processing near the seabed: the deadzone revisited[J]. ICES Journal of Marine Science, 53(4):677-690.

PALOMERAS N, FURFARO T, Williams D P, et al., 2022. Automatic Target Recognition for Mine Countermeasure Missions Using Forward-Looking Sonar Data[J]. IEEE Journal of Oceanic Engineering, 47(1):141-161.

PLETS R M K, DIX J K, ADAMS J R, et al., 2009. The use of a high-resolution 3D Chirp sub-bottom profiler for the reconstruction of the shallow water archaeological site of the Grace Dieu (1439)[J]. River Hamble, UK. Journal of Archaeological Science, 36(2):408-418.

PołAP D, WAWRZYNIAK N, WŁODARCZYK-SIELICKA M, 2022. Side-Scan Sonar Analysis Using ROI Analysis and Deep Neural Networks[J]. IEEE Transactions on Geoscience and Remote Sensing, 60:1-8.

SATRIANO J H, SMITH L C, 1991. Signal Processing For Wide Swath Bathymetric Sonars[C]// OCEANS 91 Proceedings, 558-561.

SAWAS J, PETILLOT Y, 2013. Cascade of boosted classifiers for automatic target recognition in synthetic aperture sonar imagery[C]//Proceedings of Meetings on Acoustics, 070074.

SEBASTIEN B, BERGER L, SCALABRIN C, et al., 2009. Methodological developments for improved bottom detection with the ME70 multibeam echosounder[C]// ICES Journal of Marine Science, 66(6):1015-1022.

STEELE S M, CHARRON R, DILLON J, et al., 2019. Shallow Water Survey with a Miniature Synthetic Aperture Sonar[C]. OCEANS 2019 MTS/IEEE SEATTLE, Seattle.

STEINIGER Y, KRAUS D, MEISEN T, 2022. Survey on deep learning based computer vision for sonar imagery[C]//Engineering Applications of Artificial Intelligence, 114:105157.

STENBORG E, 1987. The Swedish Parallel Sounding Method State of the Art[J]. The International Hydrographic Review, 2015(1):7-14.

SUGIMATSU H, URA T, MIZUNO K, et al., 2012. Study of acoustic characteristics of Ganges river dolphin calf using ehcolocation clicks recorded during long-term in-situ observation[C]// 2012 Oceans, 1-7.

SUN Y C, GERG I D, MONGA V, 2022. Iterative, Deep Synthetic Aperture Sonar Image Segmentation[J]. IEEE Transactions on Geoscience and Remote Sensing, 60.

THANH LE H, PHUNG S L, CHAPPLE P B, et al., 2020. Deep Gabor Neural Network for Automatic Detection of Mine-Like Objects in Sonar Imagery[J]. IEEE Access, 8:94126-94139.

TOLLMAN P A, DENBIGH P N, 1989. Sonar beamforming based upon monaural localization techniques[J]. The Journal of the Acoustical Society of America, 86(3):1131-1135.

TONG J, HAN J, SHEN W, et al., 2010. Mosaicing of Acoustic Video Images for Underwater Structure Inspection[C]//Proceedings of the ASME 2010 29th International Conference on Ocean,

Shanghai.

TURIN G L, 1976. An introduction to digitial matched filters[J]. Proceedings of the IEEE, 64(7):1092-1112.

VERENA T, VALERIE M, BERGER L, 2008. The new fisheries multibeam echosounder ME70: Description and expected contribution to fisheries research[J]. ICES Journal of Marine Science, 65(4):645-655.

WANG B, DU Z, LUAN Z, et al., 2021. Seabed features associated with cold seep activity at the Formosa Ridge, South China Sea: Integrated application of high-resolution acoustic data and photomosaic images[J]. Deep Sea Research Part I: Oceanographic Research Papers, 177:103622.

WANG S, RONG Y, JIANG H, et al., 2021. Comparison of multi-beam bathymetric system and 3D sonar system in underwater detection of beach obstacles[J]. Journal of Physics: Conference Series, 1961:012034.

XU C, ASADA A, ABUKAWA K, 2011. A method of generating 3D views of aquatic plants with DIDSON[C]// 2011 IEEE Symposium on Underwater Technology and Workshop on Scientific Use of Submarine Cables and Related Technologies, 1-5.

YANG L, TAXT T, 1997. Multibeam sonar bottom detection using multiple subarrays[C]// Oceans '97. MTS/IEEE Conference Proceedings, 932-938.

YANG L, WANG X, ZHANG T, et al., 2021. Research on the Application Technology of Manned Submersible Bathymetric Sidescan Sonar System in the Abyss Zone[J]. IEEE, 7:293-298.

YAO B, ZHANG Y, LI H, et al., 2010. Estimation of multibeam phase difference using variable bandwidth filter[C]// The 2010 IEEE International Conference on Information and Automation, 1177-1181.

ZHANG B, ZHANG Z, WANG Y, et al., 2021. Research on Submarine Pipeline Detection based on 3D Real-time Imaging Sonar Technology[C]// 2021 OES China Ocean Acoustics(COA), 1006-1010.

ZIELINSKI X G, ADAM Z, 1999. Precise Multibeam Acoustic Bathymetry[J]. Marine Geodesy, 22(3):157-167.